万物皆数

生活中的100个数学问题

【西】米格·伽柏·多斯 著
杨瑶 译

广东经济出版社
·广州·

图书在版编目（CIP）数据

万物皆数：生活中的100个数学问题 /（西）米格·伽柏·多斯著；杨瑶译.—2版. — 广州：广东经济出版社，2022.6
ISBN 978-7-5454-8374-1

Ⅰ.①万…　Ⅱ.①米…　②杨…　Ⅲ.①数字－普及读物
Ⅳ.①01-49

中国版本图书馆CIP数据核字(2022)第093344号
版权登记号：19－2019－086

责任编辑：徐依然　谢善德　程梦菲
责任技编：陆俊帆
封面设计：朱晓艳

万物皆数：生活中的 100 个数学问题
WANWU JIESHU SHENGHUO ZHONG DE 100 GE SHUXUE WENTI

出版人	李　鹏
出　版 发　行	广东经济出版社（广州市环市东路水荫路11号11～12楼）
经　销	全国新华书店
印　刷	广东鹏腾宇文化创新有限公司 （广东省珠海市高新区唐家湾镇科技九路88号10栋）
开　本	880毫米×1194毫米　1/32
印　张	9.5
字　数	170千字
版　次	2022年6月第2版
印　次	2022年6月第1次
书　号	ISBN 978-7-5454-8374-1
定　价	38.00元

图书营销中心地址：广州市环市东路水荫路11号11楼
电话：（020）87393830 邮政编码：510075
如发现印装质量问题，影响阅读，请与本社联系
广东经济出版社常年法律顾问：胡志海律师

为我的老师们自豪：

Joan M.

Joan C.

Juanjo T.

M. Olga B.

Nuri P.

Antoni J.

Claudi A.

谨以此书献给我的老师们。

前言

不管是认同还是反对，没有人会对数学这门学科漠不关心。很多人对数学有一种无名的恐惧，这种恐惧可能来自学生时期的经历，因为不管他们对所学内容是否理解，都必须通过考试。不幸的是，这种恐惧已经十分普遍，甚至很多人表现出的对数学的无知也成为一件“正常”的事。我已经不止一次听到过类似的话：“你来计算，我是文科生。”不得不承认，我无法理解这种说法，这就好像说：“你来写这本书，我是理科生。”

另几种经常出现的说法是，“这没用”“这是计算机做的事情”或者“数学太无聊了”。

因此，为了打破这些传言和偏见，我鼓励自己写了这本书。在本书中，读者可以通过100个问题了解到数学的作用：它是最著名的搜索引擎谷歌的基础；它帮助我们确定身份证号码；它制定了公历；它帮助我们在选举后分配席位；它是所有电脑和现代技术的基础；它保证了我们能够安全网购……数学也可以很有趣：数学和数学家们的故事、逻辑和智力问题、数学魔法、类似数独的数字游戏等。

出版社对篇幅的限制使我在编写每一篇章的过程中，都对内容进行了概括，避免内容过于冗长。但是，如果你对某个话题特别感兴趣并且想深入探索的话，可以通过网站查阅相关资料。

如若书中出现任何错误，敬请指正。我要感谢我的一位老师——安东尼·茱莉亚，感谢她对这本书的喜爱以及对我的支持。她认真地阅读、修改、提供建议，使得最终版的成品书比最初版本完善很多。非常感谢您，亲爱的安东尼老师。

有很多数学家正努力让人们看到数学远远超出在学校中学到的知识，我只希望这本书也能在这方面贡献一粒沙的力量，这样就够了。

让我们来看看这门学科最美好的模样吧！

米格·伽柏·多斯

一位中学老师

目录

第一章

数字与数字的类型

01 记数系统——非进位制

如果要计算出1 347 834 + 2 148 458的结果，我们可以使用网格计算法（即计算的时候使用四根垂直线与一条水平直线相交所形成的网格），但很快我们计算的欲望就会消失殆尽，而且很有可能在得出正确答案之前我们就已经算错了。幸运的是，人们已经发明了比网格计算法更好的方法来表示和计算数字。此类方法被称作记数系统，接下来我们简单地学习其中的一部分。

首先，记数系统的精确定义是什么呢？总的来说，记数系统是记数方法和规则的合集，除了可以计算之外，还可以表示以及命名任意一个自然数。

记数系统可以分为进位制和非进位制。

在非进位制的记数系统中，每个数字都由一组符号决定，其数值与所在数字中的位置无关。

相反，在进位制的记数系统中，组成这个数字的每一个符号的数值都要取决于这个符号本身以及这个符号所处数字中的位置。

为了帮助大家更好地理解，我们来看以下这些例子。一个非进位制的典型应用就是古埃及记数法，它用如下这些符号表示（见表1–1）：

表1–1

数值	1	10	100	1 000	10 000	100 000	1 000 000（或无穷大）
符号	[illegible]	[illegible]	[illegible]	 [illegible]	 [illegible]	 [illegible]	 [illegible]

因此，若要表示数字3 241，我们只需将对应的符号一一相加（见图1–1）：

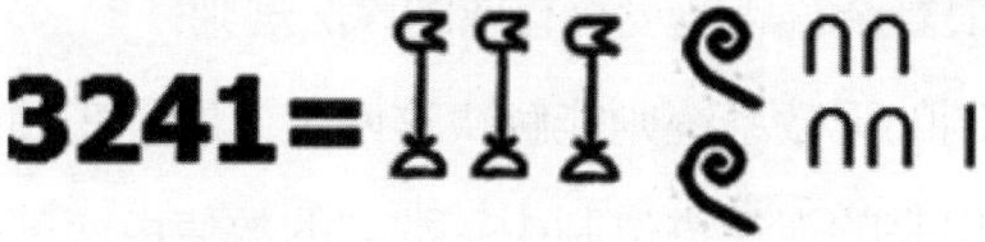

3241=

图1–1

古罗马记数法也是非进位制的一种变体，但是它略显复杂，除了可以应用于加法运算，还可以应用于其他的运算。鉴于该记数系统里的规则和限制都有一点长，所以我们在下方只列出一部分数值和例子（见表1–2）：

表1–2

数值	1	5	10	50	100	500	1 000
字母	I	V	X	L	C	D	M

45 = XLV；1 900 = MCM；2 013 = MMXIII；…

02 记数系统——进位制

继续讲记数系统，我们还需补充一点，那就是非进位制的记数法有两处很大的不便。第一，如果要写出数值很大的数，我们必须堆积很多符号或者发明一些新符号，但是这些新符号可能不易于记忆。第二，用这种方式表示的数字，运算起来会很复杂，毕竟没有有效的算法规则。

进位制的记数系统则能解决这两个问题。正如我们在前一节中指出来的，在进位制中，数字的数值由两部分决定：所使用的符号及所处数字中的位置。事实上，大家都知道，在1 321 651 这个数中，数字“1”因为所处的位置不同而代表了三个不同的数值：1 000 000，1 000 和1。

第一个真正意义上的进位制的记数系统是古巴比伦记数法，它只使用两个符号（用楔形文字表示，见图1–2）：

=1 =10

图1–2

小于60的数，可以用这两个符号累计，再分别算出它们的数值。所以，53这个数就可以表示成如下形式（见图1–3）：

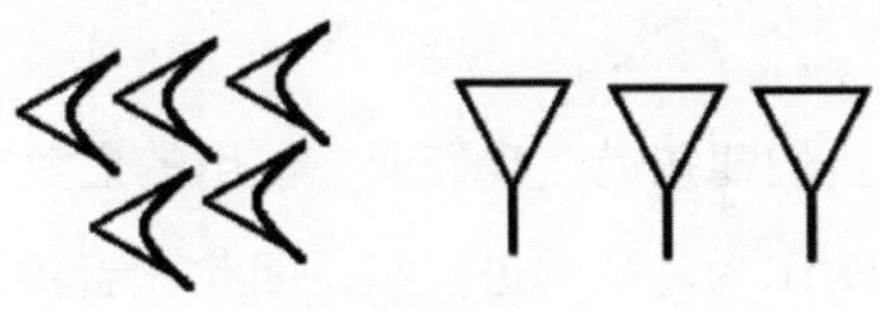

图1–3

对于大于59的数来说，就需要使用进位制了，每个符号根据所处数字中的位置所代表的数值分别是60，60×60=3 600，60×60×60=216 000等（这种情况下，我们就说这是一个以60为基数的计算系统）。

举例来说，数字662 721=3×216 000+4×3 600+5×60+21，若用古巴比伦记数法来表示，则应该写成下面这种形式（见图1–4）：

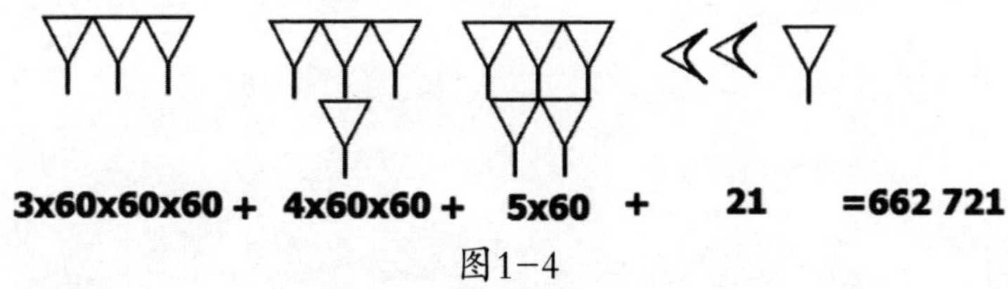

图1–4

除了古巴比伦使用进位制之外，中国和玛雅文明也使用了不同的进位制记数法。

与古巴比伦记数法相似的另外一种典型的进位制就是二进制，它只使用两个数字：0和1。毫无疑问，多亏了这个系统，我们才得以拥有无数的技术和设备（电脑、手机……）。

最后，我们要知道，我们现在使用的记数系统也是进位制——是以10为基数的进位制。因此，当我们写出数字153 234时，我们要表达的就是：

$$1\times10\times10\times10\times10\times10+5\times10\times10\times10\times10+3\times10\times10\times10+2\times10\times10+3\times10+4=1\times10^5+5\times10^4+3\times10^3+2\times10^2+3\times10+4$$

在十三世纪的时候，这种记数系统由列昂纳多·比萨（斐波那契）引入到欧洲，斐波那契指出这种记数法是一种非常有效的计算方法，在贸易中相当有用。

03 斐波那契数列

13–3–2–21–1–1–8–5

¡Diavole in Dracon!

Límala, asno.

《达芬奇密码》，丹·布朗

让我们先来做一个挑战吧。你能猜出以下数列中的下一个数字吗？

1，1，2，3，5，8，13，21，？

相信你已经猜出来了：后一个数字是前两个数字的和，如5 = 2 + 3，8 = 5 + 3，13 = 8 + 5，21 = 13 + 8 。以此类推，数列的下一个数字就应该是21 + 13 = 34。

这可不是随随便便的一个数列，它有一个特定的名字叫斐波那契数列。下面，我们来一起探索它的起源，以及为什么它这么重要、这么有名。

说到它的历史，就必须提到一个著名的意大利数学家，他最早向欧洲引入了如今仍在使用的数字系统。这位数学家名叫列昂纳多·比萨（1170—约1240），但他更为人知的名字是斐波那契，意为“波那契的儿子”。他在《珠算原理》的第三章中提出一个问题：“如果在一个封闭的院子里有一对刚出生的兔子，两个月后，它们每个月会生下一对新的兔子，那么两个月之后有多少只兔子呢？三个月、四个月、五个月……之后又有多少只兔子呢？”

稍微思考一下，我们就能得出以下结论：第一个月只有一对兔子；第二个月也还是只有一对兔子；第三个月有两对兔子，即最开始的一对和它们生下的一对；第四个月有三对兔子，即最初的一对兔子，它们生下的第一对小兔子（还没有繁殖能力），以及它们生下的第二对小兔子；在第五个月的时候有五对兔子，因为最早出生的兔子两个月后也可以生小兔子了，只有上个月刚出生的小兔子还没有繁殖能力。如果我们继续这样计算，就能得到下列数字：1，1，2，3，5，8，13，21，34，55，89，144，233，377，…。

这个数列非常重要，因为在自然界中随处可见。比如说，一株植物的同一根枝条上的叶子，它们排列的方式是为了尽可能多地获取阳光、雨水和空气。虽然不同的植物有不同的排列方式，但却总是和斐波那契数列相关，例如，菠萝的鳞片或者向日葵的种子。在大部分向日葵的花盘中，顺时针方向有55个螺旋线，逆时针方向有89个；而在另外一些花盘里，顺时针方向有89个螺旋线，逆时针方向有144个。

同样，对于一个蜂箱里的蜜蜂而言，它们的家族世系图也完全遵循斐波那契数列。事实上，雄蜂没有父亲，但是有母亲，而这个母亲有父母，但是父母中又只有母亲有父母。如果我们继续清点一只雄蜂的祖先（计算的时候要把这只雄蜂算在内）会得到：1，1，2，3，5，8，…。

所有这些奇妙的现象都是自然演化的结果，因为大自然已经发现使用这样的数字能使效率最大化。

最后，我想补充一下，在丹·布朗创作的长篇小说《达·芬奇密码》中有这样一幕，一具尸体的旁边出现了一串奇怪的数字：13–3–2–21–1–1–8–5。旁边还附有两句人们无法理解的话："¡Diavole in Dracon! Límala, asno"。

讲到这里，我希望你已经发现将这些数字重组就是斐波那契数列。至于这两句话，我则可以帮你理解一下，这是将达·芬奇的名字拆开重组的句子，也就是说，把第一句里面所有的字母重组一下就变成了达·芬奇的名字（Leonardo da Vinci），把第二句里面所有的字母重组一下就是达·芬奇最有名的画作的名字：La Mona Lisa（蒙娜丽莎）。

04 黄金数字

在上一节中我们已经介绍了斐波那契数列：1，1，2，3，5，8，13，21，34，55，89，…。

在这一节的开头我们将会用这个数列中的数字做一个实验，用后一个数字除以前一个数字，就能得到如下结果：

$\frac{1}{1}=1$；$\frac{2}{1}=2$；$\frac{3}{2}=1.5$；$\frac{5}{3}\approx1.67$；$\frac{8}{5}=1.6$；

$\frac{13}{8}=1.625$；$\frac{21}{13}\approx1.62$；$\frac{34}{21}\approx1.619$；$\frac{55}{34}\approx1.618$；…

如果继续这样除下去，我们就会发现这些结果逐渐接近一个数字：1.618 033 9…。

这是一个普通的数字还是一个特别的数字呢？它有名字吗？除了我们已经看到的这个特点，它还有没有其他的特点？

这个数字其实是一个非常特殊的数字，它有自己的名字，并且出现在很多让人意想不到的地方。我们一起来更多地了解一下。

数字 $\frac{1+\sqrt{5}}{2}=1.618\,033\,988\,7\cdots$是实数集中一个非常重要的数字，它的名字叫做黄金数字，也可以叫作黄金比例或者神圣比例，用希腊字母 ϕ（phi）来表示，以此来纪念一位著名的希腊雕刻家菲迪亚斯。

但是，是什么使这个无理数（即不能写作两整数之比的无限不循环小数）这么有名、这么重要的呢？

下面是其中的一些原因。

首先，我们得知道古希腊人早就对这个数字有所了解，并且没有只是把它当成一个简单的数字，而是更多地当成一种比例。人们认为如果一个数除以另一个数得到的结果是这个黄金数字，那么这两个数字就处于黄金比例。

人们很快就发现了这个比例广泛地存在于自然界里，越接近这个比例的事物，越接近于完美。

接下来，我们一起看看在哪些地方能够找到这个黄金比例。

建筑方面：人们觉得若要让一个长方形成比例并且接近完美，就应该遵循黄金比例（即长除以宽的值要接近 ϕ）。所以，这种黄金比例随处可见，例如在雅典的帕特农神庙，在不同的哥特式的教堂里，在文艺复兴时期的建筑中，在胡夫金字塔，在著名建筑师勒·柯布西耶的作品里，甚至是在纽约的联合国总部大楼里。

艺术方面：古希腊的雕塑师经常使用黄金比例来展现人体雕像，例如《断臂维纳斯》（一个女性像柱）。回顾艺术史，我们还能欣赏到很多这样的作品：《蒙娜丽莎》《维纳斯的诞生》《宫娥》，阿尔布雷希特·丢勒的《亚当和夏娃》，以及萨尔瓦多·达利的《雷达·阿朵米卡》……

自然界中：人们常说自然界是睿智的，它是最早使用黄金比例的。在植物的生长过程中，在菠萝鳞片、向日葵种子和向日葵花瓣等的排列中，在不同动物的蛋卵的长宽比例中，我们都能够找到斐波那契数列，以及它的延伸——黄金数字。这是自然的选择，因为大自然在使用黄金比例的时候能使资源最优配置，比如最充分地吸收阳光，利用最小的外部面积来获取最大的产能，等等。

人体构造比例方面：例如脸的长宽比例，相邻趾头的长度关系，身高和肚脐到地面的距离的关系，这些都是黄金比例的具体展示。

综上，数字 ϕ 是一个重要的无理数。当然，重要的无理数也包括我们稍后会讲到的数字 π。

最后，我有一个小惊喜要告诉你。多年以后，很有可能你会将一个黄金比例的长方形放在口袋里，而你自己都没有意识到它的存在。给你一个小提示：它通常是放在钱包里的。

对啦，就是身份证或者医保卡（我国的卡片设计不满足黄金比例），它们是满足黄金比例的长方形的代表。如果你不相信，那就拿起尺子和计算器去验证一下吧！

05 数字的类型Ⅰ：亏数、盈数、完全数和亲和数

人们经常会谈到正数、负数、偶数、奇数，更学术一点的有自然数、整数、有理数、无理数、实数、复数……但是也存在很多其他类型的数字，虽然它们没有实际用途，但是一样奇妙有趣。接下来我就向你介绍一些。

亏数：如果一个数除去它本身的所有约数之和比该数小，我们就说这个数是亏数。比如，数字81就是个亏数，因为它的约数是1，3，9，27，81，再除去它本身，其他约数相加就是1 + 3 + 9 + 27 = 40，而40是小于81的。

所有的质数，以及它们的方幂，还有所有亏数的约数都是亏数。由于质数有无穷多个，所以亏数也有无穷多个。

这里给大家列出一些较小的亏数：1，2，3，4，5，7，8，9，10，11，13，14，15，16，17，19，21，22，23，25，26，27，29，31，32，33，34，35，37，38，39，41，43，44，45，46，47，49，50。

盈数：和亏数恰好相反，盈数指的是除去它本身的一切

约数之和大于它本身的数。数字90就是盈数，它除去自身的约数有：1，2，3，5，6，9，10，15，18，30，45。这些约数相加所得的和是144，大于90。

同样，奇盈数和偶盈数都有无穷多个，最小的奇盈数是945。这里给大家列出一些较小的盈数：12，18，20，24，30，36，40，42，48，54，56，60，66，70，72，78，80，84，88，90，96，100。

完全数：如果一个数除了它本身之外的所有约数之和恰好等于它本身，那我们就说这个数是完全数。比如，数字28就是个完全数，因为它的约数除去本身是1，2，4，7，14，且1 + 2 + 4 + 7 + 14 = 28。完全数的历史十分悠久，杰出的数学家欧几里得、马林·梅森、欧拉都做过相关研究，并且发现了一些奥妙。这里列出了一些较小的完全数，它们比亏数和盈数都更难找：6，28，496，8 128，33 550 336，8 589 869 056，137 438 691 328，2 305 843 008 139 952 128。完全数直到如今还戴着一层神秘的面纱，因为人们还不知道是否存在奇完全数（即使存在，也应该大于10^{300}了，1的后面跟着300个0！）。同样，偶完全数是不是有无穷多个也无从得知。

亲和数：亲和数指的是两个数中，一个数的全部约数（本身除外）之和与另一个数相等。例如，数字220和284就是亲和数。为了验证，首先我们可以分别找出它们的约数，

D(220) = {1，2，4，5，10，11，20，22，44，55，110，220}，D(284) = {1，2，4，71，142，284}，然后就能验证它们是亲和数：

1+2+4+5+10+11+20+22+44+55+110=284

1+2+4+71+142=220

虽然后来费马、笛卡尔、欧拉，以及其他的数学家们都做过相关研究，但是这些数字的历史最早可以追溯到毕达哥拉斯学派。

这里给大家列出一些较小的亲和数：(220，284)，(1 184，1 210)，(2 620，2 924)，(5 020，5 564)，(6 232，6 368)，(10 744，10 856)，(12 285，14 595)，(17 296，18 416)，(63 020，76 084)。当然，对于是否有无穷多个亲和数目前尚未知晓。

最后，还有一个未解之谜。如果一个数除去它本身的约数之和恰好等于它本身加1，人们把它叫做准完全数，但是目前还不知道这种数是否存在，不过可以确定，这种数如果存在的话，至少会大于10^{35}。

现在你应该明白，如果你能发现有无穷多的完全数或亲和数，或者如果你能找到一个奇完全数，又或者如果你能找到一个准完全数，你就会在数学界享誉盛名！

06 心算和一些基本法则

由于计算机和新技术的发明，我们已经很少再使用心算。有时候看到一些学生甚至都想不起乘法口诀，对此我十分担忧。毋庸置疑，机器给我们的生活提供了诸多方便，但我们若成了机器的奴隶就得不偿失了。当我们买东西的时候，一些基础的心算能力可以帮助我们大致算出要买的东西的总价钱，也可以大致判断别人找给我们的零钱数是不是对的。让我们一起来了解一些基本法则，提高我们的心算能力吧。

与5，9，11相乘的乘法运算怎样更简便?

对于任意一个和5相乘的数字而言，只要在这个数字的末尾加上一个0，再除以2就可以得到结果了。比如，5×34=340÷2=170。

对于任意一个和9相乘的数字而言，只要在这个数字的末尾加上一个0，再减去这个数字本身就能得出答案。比如，9×56=560－56=504。

对于任意一个和11相乘的两位数而言，只要在这两个数字中间写出这两个数字相加所得之和的数字，组成一个三位数的数字［即$ab \times 11 = a(a+b)b$。注意，为方便理解，这里的“ab”表示两位数而非平常的两个数的乘积“$a \cdot b$”］就能得到这个乘法运算的结果。比如，34×11=3（3+4）4=374。

若这两个数字的和大于9，则第一个数字加1，中间保留这两个数字的和的个位数。比如，84×11=8（8+4）4=8（12）4=924。

百分数的计算

有一些百分数也很容易计算。我们来看一些例子。

要计算出一个数的50%，只需算出这个数的一半就可以了。例如：125的50%=125÷2=62.5。

要计算一个数字的25%，只需计算它的1/4，即只需将这个数字除以两次2就行了。例如：560的25%=560的1/4=（560÷2）÷2=280÷2=140。

要计算一个数字的10%，只需将小数点向左移动一个位置。例如，534.5的10%=53.45。

更多小数的运算

要乘以0.5只需除以2。例如：42×0.5=42÷2=21。

要乘以0.25只需除以两次2。例如：42×0.25=（42÷4）=（42÷2）÷2=10.5。

要乘以0.1，只需将小数点向左移动一个位置，因为乘以0.1就是除以10。例如：453×0.1=453÷10=45.3。

由于除以0.5与乘以2相同，所以一个数除以0.5就只需将这个数乘以2就可以了。例如：453÷0.5=453×2=906。

由于除以0.25与乘以4相同，所以一个数除以0.25就只需将该数乘以两次2就可以了。例如：453÷0.25=453×4=（453×2）×2=1 812。

由于除以5等同于先除以10再乘以2，所以只要将小数点向左移动一个位置，然后乘以2。例如：453÷5=（453÷10）×2=45.3×2=90.6。

由于乘以25等同于乘以100然后除以4，所以将小数点向右移动两个位置（或向右移动1个位置再加1个零，或加两个零），然后计算所得数字一半的一半。例如：234×25=（234×100）÷4=[（234×100）÷2]÷2=（23 400÷2）÷2=11 700÷2=5 850。

由于除以25等同于除以100然后乘以4，所以就将小数点向左移动两个位置，然后将所得数字乘以两次2就可以了。例如：234÷25=（234÷100）×4=（234÷100）×2×2=2.34×2×2=4.68×2=9.36。

07 古埃及分数

有人认为“折磨”我们的分数并不是一种现代发明，因为古埃及人早已经使用分数，尽管与我们现在使用的分数有所不同：他们只使用了单位分数。也就是说，他们不写成$\frac{5}{6}$，而是写成$\frac{1}{2}+\frac{1}{3}$（可想而知，他们是用自己的数学符号来表示分数的）。古埃及人也不会重复相同的分数，不能把$\frac{5}{6}$写成$\frac{1}{6}+\frac{1}{6}+\frac{1}{6}+\frac{1}{6}+\frac{1}{6}$，而要写成我们前面说过的$\frac{1}{2}+\frac{1}{3}$。

$\frac{2}{3}$是古埃及唯一一个被允许使用的分子不是1的分数，至于不使用其他的分子不是1的分数的原因就不得而知了。

借助古埃及的数学符号（详情请见“记数系统——非进位制”一节），他们将分数表示成如下形式：

$\frac{1}{3}=$　　　　$\frac{1}{10}=$

但很快就出现了一个问题。我们能用单位分数将已知的所有分数写成不同分数的总和吗？答案是肯定的，斐波那契已经证明了这一事实。实际上，存在着大量能将任意一个分数分解成多个单位分数之和的算法。如果你感到好奇，可以看一下图1–5的这些分解。

$$\frac{2}{3}=\frac{1}{2}+\frac{1}{6}$$

$$\frac{2}{5}=\frac{1}{3}+\frac{1}{15}$$

$$\frac{4}{5}=\frac{1}{2}+\frac{1}{4}+\frac{1}{20}$$

图1–5

最后，我们留一个问题，这个问题最早出现在《莱因德纸草书》上。这本书是一位埃及僧侣在公元前1650年左右所写的。其中的一个问题求解的结果是 $\frac{1\,386}{97}$，但是，由于不能直接表示这个分数，所以在这本书中给出的解是：

$$14+\frac{1}{4}+\frac{1}{56}+\frac{1}{97}+\frac{1}{194}+\frac{1}{388}+\frac{1}{679}+\frac{1}{776}$$

倘若你愿意的话，也可以搜索《莱茵德纸草书》上的数学题目，解答书中的问题。

08 从0到9，十个非常重要的数字（Ⅰ）

众所周知，数字0到9对于算术非常重要，因为它们是我们当前使用的计算系统的基础。除此之外，这些数字中的每一个都有自己的历史和特征。让我们一起来看一看。

0：虽然现在看起来0是计算中必不可少的数字，但在数学史上并不总是如此。事实上，即便已经学会了计算，但古巴比伦人、古埃及人和古罗马人都没有使用0。似乎我们今天使用的这个0起源于印度文明的进位制，但是第一个有记载的这个数字的信息出现在公元前876年的一块岩石上，用来表示数字270和50。

后来，十二世纪末十三世纪初的时候，意大利数学家斐波那契（我们在前几节中已经讲过）在他的《珠算原理》中把0引入欧洲，并且在书中介绍了天才般的进位制记数法。

一些与之相关的趣事：0这个词“cero”（西班牙语）来自它在梵语中的名称“shunya”（空），翻译成阿拉伯语是“sifr”，翻译成意大利语就变成了我们现在所知道的“zero”了（事实上，西班牙语数字cifra也来自这个翻译）。

0是不能做除数的；0区的DVD可以在所有区域播放；在轮盘赌上，0和00是确保赌场获利的数字；在一级方程式赛车比赛中，如果当前冠军在下一年没有参加比赛，冠军所在队中的一员就会被给予0分（当然不是1，因为1是给冠军的）。

1：数字1是第一个自然数（虽然有人认为1是第二个，0才是第一个），也是介于0和2之间的整数。

数字1是第一个非零自然数，也是第一个奇数自然数。在乘法中它与任何数相乘都等于原数。人们认为1不是质数，在皮亚诺公理中它是0的后继数。

一些与之相关的趣事：1是斐波那契数列的第一项与第二项；1与0是计算机工作的二进制系统的基础；本福特定律说明以1为首位数字的数比以其他数字为首位的数的出现概率高很多（你可以在“不是所有的数的首位数字出现的概率都相同：本福特定律”一节中找到更多信息）。

莫比乌斯带只有1个面。氢的原子序数为1。公元1年的时候佛教被引入中国。古埃及人只考虑分子为1的分数。

对于那些相信数秘术（把数字和寓意联系起来）的人来说，数字1常常与活力、独立、积极的心态，独创性和领导能力等有关。

2：是介于1和3之间的自然数。2是第一个偶数自然数，并且任何可被2整除的数字都是偶数。2是第一个质数，也是唯一的偶质数。

一些与之相关的趣事：数字2和3是唯一两个连续的质数；2是斐波那契数列的第三项；2是氦的原子序数；当n>1时，2是唯一一个满足“$x^n+y^n=z^n$”等式的自然数，其中x，y，z都是正整数，n是自然数。

在古代，2代表了二元性和善恶之间的对抗。对于数秘术爱好者来说，数字2与合作主义、外交手腕、敏感和多愁善感有关。

3：是自然数，是2的后继数。3是第一个奇质数。

在古代，数字3被认为是完美创造和神圣统一的象征。

一些与之相关的趣事：3是第二个三角形数；3是斐波那契数列的第四项；如果一个数的数字和能被3整除，那么这个数一定能被3整除；用尺子和圆规把一个角分成3等份是不可能的；原色是3种；章鱼有3颗心；“3规则”（交叉相乘规则）是最为人所知的数学规则之一；在3世纪的时候，丢番图写了一部重要的作品《算术》。

对于数秘术爱好者来说，数字3与创造力、表现力和社交能力有关。

09 从0到9，十个非常重要的数字（Ⅱ）

4：是3的后继数。它是最小的合数（不是质数）。

一些与之相关的趣事：绘制任意一张地图最少需要4种颜色（详情见“绘制一幅地图需要多少种颜色？四色定理”一节）；需要4个坐标来描述时空中的任何事件；“Four”这个单词是英语中唯一一个字母数与其表示的数值相同的单词。

对于数秘术爱好者来说，4与实践、责任、耐心、平和、组织和工作有关。

5：是4的后继数。它是第三个质数。

对于毕达哥拉斯学派的人来说，5几乎和10一样重要，因为它是由第一个阳性数字（3）和第一个阴性数字（2）组成的。

一些与之相关的趣事：5是一个费马数字；五角大楼可以仅使用尺子和圆规建造；5是斐波那契数列的第五项；在萨菲尔–辛普森飓风等级表上，第5级飓风是最具破坏性的；几乎所有的两栖动物、爬行动物以及哺乳动物，只要有指头的都有5指；我们有5种感官；五线谱是由5根线组成的；元音有5个；五次方程是第一个不存在根式解的方程；在5世纪，亚历山大·希帕提娅去世。

对于数秘术爱好者来说，5与创造力、适应性、智力等有关。

6：是5的后继数。6是最小的既不是平方数也不是质数的数。6是第二个合数。6是第一个完全数，因为它除自身以外的约数（1，2和3）之和等于它本身。

一些与之相关的趣事：毕达哥拉斯学派将6与婚姻联系起来，因为6 = 3 × 2（第一个阴性数字2和第一个阳性数字3相乘）；对于基督徒来说，上帝在6天内创造了这个世界之后就停了下来；一把吉他有6根琴弦；许多管乐器有6个孔；昆虫有6条腿；为了不让两个相邻的区域是一样的颜色，在莫比乌斯带上绘制地图需要6种颜色。

对于数秘术爱好者而言，6与和平主义、美丽、享受生活和家庭归属感等有关。

7：是6的后继数。7是第四个质数。7的象征意义在于它是正方形（坚固）和三角形（完美）的结合。对于毕达哥拉斯学派的人来说，7是原始性的象征，因为不能将一个圆分割成7个部分。7也被认为是一个神圣的数字，因为它出现在圣经的很多地方。

一些与之相关的趣事：三条直线最多将平面分成7个部

分；彩虹有7种颜色；基督徒认为存在7种美德；一周分为7天；古人认为一只猫有7条命（虽然英国人说猫有9条命）。

对于数秘术爱好者来说，7与智慧、灵性、审慎等有关。

8：是7的后继数。8是一个合数。8是斐波那契数列中的第六项。

一些与之相关的趣事：3个圆最多把平面分成8个部分；8是中国文化中的幸运数字，所以2008年北京奥运会才于2008年8月8日8点8分8秒开幕；8是氧的原子序数；所有蛛形纲动物都有8条腿，章鱼有8条触手；台球的黑球标有数字8；1字节=8位。

对于数秘术爱好者来说，8这个数字与经营、领导、权威、事业心以及理财和抱负等有关。

9：是8的后继数。

一些与之相关的趣事：对毕达哥拉斯学派来说，9是第一个阳性数字3的平方，是两个连续的三角数（3，6）之和；弃九算法是一种很古老的算法，它可以用来验证一个除法运算是否正确；十进制的最后一个数字是9，因此它出现在很多数学游戏中；巴特·辛普森（美国动画片角色）有9根头发尖儿。

对于数秘术爱好者来说，9与慈善、浪漫主义、想象力、魅力、同情心、冒险和技艺等有关。

10 番外篇：智力问题 I

正如标题所示，在讲解完一定篇幅的数学故事和概念之后，我会在每一章的末尾设置一个番外篇放松一下。在这一节中，我们一起来看看一些有关智力问答的题目。

以下是4个与逻辑相关的问题。

a）一套数学百科全书

我家里有一套共4册的数学百科全书，每一册都有100页（包括封皮），我总是把它们从第一册到第四册整整齐齐排好。有一天，我发现一只书虫打了一个洞穿过了第一册的第一页直到最后一册的最后一页，但它打洞的书的页数却不到300页。你能解释一下为什么吗？（提示：书籍为右翻本，排列顺序由右至左。）

b）牧羊人、狼、山羊和卷心菜

一个牧羊人有一只狼、一只山羊和一棵卷心菜，他想要用一艘小船渡过一条河，但是这艘船只能容纳他自己和另外一样东西。如果把狼和山羊留下，狼就会一口吃掉山羊；如果把山羊和卷心菜一起留下，山羊就会一口吃掉卷心菜。你能设计一个方案，让牧羊人顺利过河而不会失去任何东西吗?

c）八颗难以区分的珍珠

我有一个盒子，里面装有八颗相同颜色、相同款式的珍珠。其中七颗的重量一样，剩下的一颗比其他的都要轻。你知道如何用一个没有砝码的天平，只称两次就找到那颗最轻的珍珠吗?

d）天堂和地狱之门

有一个人死后来到天上，在天上他发现面前有两扇门。一扇门会直接把他带到天堂，另一扇门会把他带入地狱。每一扇门的前面都有一个圣佩德罗，他可以就选择哪扇门给这个人一些指示。但问题在于，这两个圣佩德罗中有一个总是说真话，另一个总是说假话。这个人也只能问其中一个圣佩德罗一个问题。那么这个人要怎么做才能只用一个问题就能选中带他去往天堂的门呢?

答案：注意啦！如果你确定已经竭尽全力却仍无法解决这些问题，那就来参考一下下面这些答案吧。如果觉得自己还可以再努力想想呢，就再等一会儿，甚至可以几天之后再返回来试试看。

a）一套数学百科全书

如果你分析一下4本书的排列情况，你会发现第一册的第一页并不在这册书的最前面，而是直接与第二册挨着。同样，最后一册书的最后一页是挨着第三册书的第一页。因此，书虫打洞的话就只是穿过了第一册的第一页及封面，整个第二册，整个第三册以及第四册的最后一页及封底，总计204页。因此，正如故事里说到的，书虫打洞真的只穿过了不到300页。

b）牧羊人、狼、山羊和卷心菜

牧羊人可以先将山羊带到河的另一边，之后返回去带狼，当他把狼带到河对岸后再把山羊带回到原来的河岸，然后把卷心菜带到对岸和狼放在一起，最后返回去把山羊带过来。这样的话，所有的东西都能过河。

c）八颗难以区分的珍珠

首先要将这些珍珠分成两组三颗的和一组两颗的。如果在天平的两边托盘里各放上一组三颗珍珠，天平平衡，那就证明最轻的珍珠在两颗一组的里面。第二次称量时在两边托盘里各放上一颗两颗一组的珍珠，我们就能找到那颗最轻的珍珠了。万一在称三颗一组的时候有一边高一些，那我们自然就知道最轻的那颗珍珠在哪一组了。接下来，我们就需要比较高的那一端托盘里的三颗珍珠中的两颗，如果它们保持平衡的话，我们就会知道留在托盘外面的那颗珍珠就是最轻的那颗，如果两个托盘中有一个高一些，那我们也能确定哪颗珍珠是最轻的。

d）天堂和地狱之门

可以向其中任意一个圣佩德罗提出如下问题：你的同伴会告诉我他的那扇门是对的吗？无论他是向总说真话的圣佩德罗提问还是向总说假话的圣佩德罗提问，都能知道哪一扇门是通往地狱的门，所以他就只需要选择另一扇门就可以了。虽然他不会知道他问的是说真话的那个圣佩德罗还是说假话的那个，但是至少，他会知道选择哪扇门可以通往天堂。

第二章

数字，数字的运用及其趣味故事

11 质数有助于网购

很多人都听说过质数，但是这些数字到底是什么，又为什么这么重要呢？

首先，质数只有两个不同的因数：1和它本身。比如，数字2，3，5，7，11，… 都是质数，因为它们只有两个不同的因数。

相反，那些不止有两个因数的数叫做合数。所以4，6，8，9，12，… 都是合数。

最后我们要提醒一下，数字1是不被当作质数的。

总共有多少个质数呢？答案十分简单，但是证明却很艰难。欧几里得是最先证明质数有无穷个的人之一。这位伟大的数学家假设质数的数量是有限的，但最后却出现了逻辑矛盾，由此可以得出质数的数量是无穷的（在“论证，数学的基础”一节中你会找到完整的证明过程）。

是否能够通过一个公式推导出所有的质数呢？答案是否定的，获取所有质数的闭式解根本不存在。

质数之间是否存在一致的排列顺序呢？答案也是否定

的，质数的排列顺序没有经过任何预先的设定，至少对于迄今为止所发现的这些质数而言是这样的。但是让人感到神奇的是，小于某个自然数的质数的数量确实遵循一定的顺序。也就是说，我们无法确切地找到下一个质数的位置，但我们可以无限接近地确定小于某个给定的自然数的质数数量。

前100个质数都是哪些呢？我们怎么找出它们呢？

有一种非常古老的方法可以用来查找质数，这种方法被称为埃拉托色尼筛法。首先，写出最小的自然数列表（2，3，4，5，6，7，8，9，10，11，…），之后去掉所有大于2的2的倍数，其次去掉全部大于3的3的倍数，再接着是去掉所有大于5的5的倍数，依此类推。最后，这个列表中没有被消除的数字就是质数。我们在这里给出了前100个质数，虽然它们是通过计算机获得的：

2，3，5，7，11，13，17，19，23，29，31，37，41，43，47，53，59，61，67，71，73，79，83，89，97，101，103，107，109，113，127，131，137，139，149，151，157，163，167，173，179，181，191，193，197，199，211，223，227，229，233，239，241，251，257，263，269，271，277，281，283，293，307，311，313，317，331，337，347，349，353，359，367，373，379，383，389，397，401，409，419，421，431，433，439，443，449，457，461，463，467，479，487，491，499，503，509，521，523，541。

为什么质数这么有用呢？

如果严格地去谈论数学，更具体地说是谈论基本算术的话，我们可以确定质数是形成所有其他自然数的“原子”。正如算术的基本定理所说，每个自然数都可以以唯一的方式写成质数的乘积（不考虑因数的顺序）。例如，数字20可以写成“2 × 2 × 5”的乘积，此外20也没有其他质数相乘的表示方式了（依旧不需考虑因数的顺序）。

质数确实很有用，但在日常生活中，质数有什么应用呢？网购的时候，我们使用一种基于RSA算法的公开密钥加密方法（密码学和计算机专家李维斯特、萨莫尔和阿德曼于1977年创建）对信用卡号进行加密。这种方法的核心就是迄今为止人们都不可能把足够长的数进行因数分解。也就是说，在现实世界中，一个200位的数是不可能进行因数分解的，而RSA算法就是利用这种不可能性来保证我们的网购安全。

最后，我们是不是应该对让网购变安全的质数表达感谢呢？

12 如何在不知道乘法表的情况下进行乘法运算

事实上，任何一个有文化的人都知道如何方便地做乘法运算，哪怕他经常依赖于计算器这个救星。但是，你有没有想过学校里教的两个数字的乘法运算是否只能基于九九乘法表来得出结果？答案是还有其他方法可以让你在不需要学习乘法表的基础上得出乘法运算的结果。让我们来看看其中一种方法——古埃及的翻倍制乘法。

正如它的名字所示，古埃及人很早就使用这种方法。实际上，它出自公元前17世纪的《莱因德纸草书》。我们已经说过，这种方法不需要乘法表，只需知道如何计算任意一个自然数的2倍及其$\frac{1}{2}$。

为了了解它的计算步骤，我们来做一个乘法运算：25 × 57。首先，我们必须建立一个两列的表格。在第一列中，我们把1不断地乘以2。在第二列中，我们把要进行乘法运算的两个数字中的最大数（例子中的最大数是57）连续乘以2，这样就可以得到表2-1。

表2-1

1	57
2	114
4	228
8	456
16	912
32	1 824

一旦第一列的数值大于另外一个乘数了，如例子中的另一个数为25，那么就可以不用继续乘以2了。在表格中的第一列中找出几个相加之和等于25的数（1 + 8 + 16 = 25），在第二列标出相对应的数，再把标出的第二列中的数字相加即可得出答案。

表2-2

1	57	✓
2	114	
4	228	
8	456	✓
16	912	✓
32	1 824	
25	57＋456＋912＝1 425	

如表2–2所示：25×57＝1 425。

最后，我们来理解一下这种方法是怎么运算的。我们的目的是要计算25×57，但是25只能由1、8、16这几个数相加得到（大家可以更好地理解为25的二进制分解）。所以，我们就可以建立下面这个等式：

25×57=（1+8+16）×57=1×57+8×57+16×57=

1×57+2×2×2×57+2×2×2×2×57=57+456+912

这就是古埃及翻倍制乘法的基本运算了。

总之，学校里教的算法并不是唯一能得出答案的算法

13 没有数字的一天

我们这些数学老师经常被迫解释自己所做的事情以及课堂所讲的内容是有用的（这不是什么坏事，但对教其他科目的老师就没有这种要求）。为了让一个人领会到数学的有用性，尤其是数字的有用性，一个好的方法就是把数字从他一整天的生活中去掉。接下来我会讲述一个数学老师任意一天的生活，在这一天中任何被提到的数字都以这个符号代替：☹。

闹钟在☹:☹☹响起，在迅速地洗了个澡之后，这位数学老师吃了☹碗通心粉，然后一边看电视，一边把☹杯加奶的咖啡放在微波炉里加热。在☹:☹☹的时候，他离开家前往学校，在离☹:☹☹还差☹☹分钟的时候到达学校。他拿起文件夹和书去往A☹☹教室，在教室里他给☹D班的学生上课。在上课期间，这位老师讲解了☹单元的基本概念和布置了第☹☹☹页的☹道练习题。虽然这位老师觉得习题不多，但是学生们并不这么认为。☹☹分钟后下课了，这位老师前往A☹☹教室，☹E班的学生已经在教室外等他了

（虽然他们知道没有必要这样做）。这位老师又上了跟上节课一样的课，布置了一些跟上节课一样的习题，学生们依旧不停地抱怨。下课之后，这位老师回到了办公室，开始批改考试试卷，考试的分数从☹到☹☹分布。在☹:☹☹的时候，第☹节课下课，学生们有☹☹分钟的课间休息，他们会去吃饭或者玩一会儿。趁着学生们吃饭的时间，这位老师去复印下周要考试的试卷。在复印室，除了要告诉复印的人他总共需要的份数，他还需记录具体要复印第☹页以及每页要复印☹☹份，认真的负责人也会帮他做好记录以防数量有误。休息过后，这位老师要去参加部门会议，在会议上他碰到了☹位数学老师，他们说尽管出现了经济危机，但是部门开支还有☹☹☹欧元的盈余。☹☹分钟之后，铃声响起，这位老师又去参加了班主任会议。学习部的领导要求这些老师们写出从☹月☹☹日到☹月☹☹日的学生旷课名单，于是这位老师就从☹A班的学生开始，接着写☹B班的，然后是☹C班和☹D班的。待整理好这些名单之后，学校领导又告诉他们在☹月☹☹日的时候，要去给☹A班的学生们讲解一下这个阶段结束之后他们的计划。这个会议在☹☹分钟后就结束了。这位感到压力重重的数学老师兼班主任决定要跟☹位各科学习成绩都不好的学生的家长沟通一下，于是他拿起电话，开始拨号☹☹☹☹☹☹☹☹☹。接电话的是学生的妈妈，他告诉这位妈妈该学生这些天总是在上午☹:☹☹才到学校，已经严重地影响到了他的学习。这位妈妈说她明白，而且说她会去解决的，但是这位老师觉得这种情况并不会有所好转。所有的这一切都忙完之后，铃声再一次响起，这位充满热情的老师开始转换角色成为一名警卫，负责监督学校的情况，以免发生什么事故。这项工作最困难的一点就是不能让垃圾随处可见，就好像☹☹米之内都没有垃圾桶一样。但在此之前，他先去食堂买了个☹☹分钱的香肠面包，他付了☹ 欧元，店家找回了☹.☹☹的零钱。当他回来的时候，铃声响起，他给学生做辅导的时间到了。他跟学生们一起回顾了一周的表现和所学内容，试图解决一些代表性的问题。不过这些☹☹岁左右的青少年总觉得所有的错误都应该归因于老师，没有任何问题是归结于他们自己不好好学习的。终于到了☹:☹☹，是时候要回家了，对于他们大部分人来说，这一刻是一天中最美妙的时光。但是这位老师在家里还得工作☹小时（备课以及回复一些学生家长的邮件）。所以，算上白天在学校的工作时间以及晚上在家的工作时间，他每天的工作时长远远长于给他发工资的教务处要求的时长，而教务处还对他和他的工作缺乏信任。

在☹:☹☹的时候，经过一天“打仗”般的生活，他终于从工作中抽身出来，可以心满意足地看一下电视节目了。此刻，他的心态十分平和，他尽最大的努力完成了自己的工作，而且深深地体会到了没有数字的一天可能就是让人无法忍受的混乱的一天。

所以，我们的生活是无法脱离数字的！

14 数字的奇妙

正如我们在前面的章节中看到的，我们常用的是十进制的记数系统（即可用10个数字来表示任何数字）。这个系统呈现出了一些规律性和奇妙性，这里有几个例子：

37×3=111　　12 345 679×9=111 111 111

37×6=222　　12 345 679×18=222 222 222

37×9=333　　12 345 679×27=333 333 333

37×12=444　　12 345 679×36=444 444 444

37×15=555　　12 345 679×45=555 555 555

37×18=666　　12 345 679×54=666 666 666

37×21=777　　12 345 679×63=777 777 777

37×24=888　　12 345 679×72=888 888 888

37×27=999　　12 345 679×81=999 999 999

$1^2=1\times1=1$

$11^2=11\times11=121$

$111^2=111\times111=12\ 321$

$1\ 111^2=1\ 111\times1\ 111=1\ 234\ 321$

$11\ 111^2=11\ 111\times11\ 111=123\ 454\ 321$

$111\ 111^2=111\ 111\times111\ 111=12\ 345\ 654\ 321$

$1\ 111\ 111^2=1\ 111\ 111\times1\ 111\ 111$

$=1\ 234\ 567\ 654\ 321$

$11\ 111\ 111^2=11\ 111\ 111\times11\ 111\ 111$

$=123\ 456\ 787\ 654\ 321$

$111\ 111\ 111^2=111\ 111\ 111\times111\ 111\ 111$

$=12\ 345\ 678\ 987\ 654\ 321$

$1\times8+1=9$

$12\times8+2=98$

$123\times8+3=987$

$1\ 234\times8+4=9\ 876$

$12\ 345\times8+5=98\ 765$

$123\ 456\times8+6=987\ 654$

$1\ 234\ 567\times8+7=9\ 876\ 543$

$12\ 345\ 678\times8+8=98\ 765\ 432$

$123\ 456\ 789\times8+9=987\ 654\ 321$

$$1\times9+2=11$$
$$12\times9+3=111$$
$$123\times9+4=1\,111$$
$$1\,234\times9+5=11\,111$$
$$12\,345\times9+6=111\,111$$
$$123\,456\times9+7=1\,111\,111$$
$$1\,234\,567\times9+8=11\,111\,111$$
$$12\,345\,678\times9+9=111\,111\,111$$

$$2=1+\frac{1}{2}+\frac{1}{4}+\frac{1}{16}+\frac{1}{32}+\frac{1}{64}+\cdots$$

$$\pi=4-\frac{4}{3}+\frac{4}{5}-\frac{4}{7}+\frac{4}{9}-\frac{4}{11}+\frac{4}{13}-\cdots$$

$$9\times9+7=88$$
$$98\times9+6=888$$
$$987\times9+5=8\,888$$
$$9\,876\times9+4=88\,888$$
$$98\,765\times9+3=888\,888$$
$$987\,654\times9+2=8\,888\,888$$
$$9\,876\,543\times9+1=88\,888\,888$$
$$98\,765\,432\times9+0=888\,888\,888$$

$$123-45-67+89=100$$

$$12+3+4+5-6-7+89=100$$

$$98-76+54+3+21=100$$

$$9-8+76+54-32+1=100$$

15 不是所有数的首位数字出现的概率都相同：本福特定律

你认为日常生活中使用的数以某一个数字开头高于以另外一个数字开头的概率吗？你认为有“特权”数字还是所有数字“一律平等”？也就是说，你认为以1开头的数与以9开头的数出现的可能性是一样的吗？

好吧，虽然看起来似乎不可能，但具体来说，人们更有可能找到以1开头而不是以8或9开头的数。

这就是本福特定律。这项定律告诉我们，日常生活中以1为首位数字的数出现的概率比以其他数字为首位数字的数要高。事实上，一个数字越大（数字为1～9），以它为首位数字的数出现的概率越低。当然，这个定律并不适用于所有组合的数字。想象一下，例如在一组特定人群的体重数（以千克记）的数字中找，就很明显地发现很少有数字是以1开头的。

本福特定律可以应用于发票、股票价格、居民人数、死亡率、河流长度、质数等的分析。

表2–3中是首位数字分别为1～9的出现概率：

表2-3

数字	1	2	3	4	5	6	7	8	9
概率	30.1%	17.6%	12.5%	9.7%	7.9%	6.7%	5.8%	5.1%	4.6%

其实，这些结果来自$P=\lg(n+1)-\lg n$，其中n为首位数字。

我们可以从表格中观察到，以1为首位数字的概率约是以8为首位数字的概率的6倍。

第一个意识到这个事实的人是天文学家、数学家西蒙·纽康。1881年，他发现对数表（计算器还没有出现之前，用来记录对数值）最开始的那几页比最后面的那几页（对应数值更大的几个数）更破烂。多年之后，物理学家法兰克·本福特（发现本福特定律的人）重新发现了这个事实。继这个发现之后，本福特又将多种来源不同的数字，诸如河流面积、常数、物理和化学的量值、数学函数、地址、号码等超过20 000个数分成20个数字一组的样本来验证这个定律。从此之后，这个定律便被命名为本福特定律。

在符合这个定律的数字列表中，我们可以找到斐波那契数、阶乘数、2的幂数和几乎任何数的幂数。在不符合这个定律的数字列表中，我们能找到平方根等。

这种规律性可能跟指数增长（在自然界和日常生活中都很常见的增长）有关系。这种指数增长会产生一些数，在很长一段时间内，这些数以1为首位的概率比以其他任意一个数字为首位的概率都大。

最后，我们要说一个有趣的事就是这个定律已经被用来检测欺诈行为。如果有人需要假造一些数据，但是他又不知道这个定律的话，最后很有可能这些被造出的数据的首位数字1～9出现的概率是一样的，或者至少很难和本福特定律保持一致。但如果它们是正确的数字，以1为首位的数就应该占到大约30％。

现在你已经看到数学就是一个反欺诈的密探了吧！

16 大数字和小数字

在本节中，我们将看到一些大数字和小数字的名称，还会看到一些必须使用这些数字的示例。

让我们从大数字开始吧。在表2-4中，你可以找到这些数字的名称以及必须使用这些数字的地方。

表2-4

词头	符号	数字	名称	示例
—	—	1	一	—
Deca	da	10	十	—
Hecto	h	100	百	官方认可的人类的最长寿命是122岁
Quilo	k	1 000	千	一头大象可以重达7 500千克
Mega	M	1 000 000	兆	西班牙国家统计局的资料显示，2015年7月1日西班牙的人口超过4.6兆（确切地说是46 423 064）
Giga	G	10^9	吉（咖）	以秒为单位去数一个数字，要花约32年的时间才能数到吉

（续表）

词头	符号	数字	名称	示例
Tera	T	10^{12}	太（拉）	光一年经过的距离是9.46太千米
Exa	E	10^{18}	艾（可萨）	宇宙年纪的2.31倍是1艾秒
Yotta	Y	10^{24}	尧（它）	地球的质量是5.97尧千克

我们来看一些小数字吧：

表2–5

词头	符合	数字	名称	示例
—	—	1	一	—
Deci	d	0.1	分	—
Centi	c	0.01	厘	—
Milli	m	0.001	毫	一页纸的厚度大约为0.11毫米
Micro	μ	0.000001= 10^{-6}	微	人的头发丝的平均直径是80微米
Nano	n	10^{-9}	纳（诺）	普通感冒病毒的直径是30纳米
Pico	p	10^{-12}	皮（可）	X光最短的波长是5皮米
Femto	f	10^{-15}	飞（母托）	一个电子的直径是飞米数量级的

（续表）

词头	符合	数字	名称	示例
Atto	a	10^{-18}	阿（托）	夸克的体积是1阿立方米
Yocto	y	10^{-24}	幺（科托）	质子的质量是1.67幺克

你应该知道，我们的大脑是不习惯运用这么大和这么小的数字的，随着这些数字的次方不断地增加或者减少，我们就会逐渐搞混这些数字大小的概念。

17 数字的类型II：水仙花数、反质数、吸血鬼数、多边形数

正如我们在“数字的类型I”一节中所说，除了大家熟知的自然数、整数之外，还存在很多其他类型的数字。

在这一节中，我们会向你介绍一些其他类型的数字。

水仙花数：若一个 n 位数，其各个位上的数字的 n 次方之和等于它本身，那这个数就是一个水仙花数。例如，153就是一个水仙花数，因为 $153 = 1^3 + 5^3 + 3^3$。还有另外一个例子，$1\,634 = 1^4 + 6^4 + 3^4 + 4^4$。

据验证，总共只有89个水仙花数（十进制下）。

还有一个数，虽然它不是水仙花数，但也有一些奇妙的特性：$2\,646\,798 = 2^1 + 6^2 + 4^3 + 6^4 + 7^5 + 9^6 + 8^7$。

反质数：若一个数是质数，反过来写还是质数，则这个数为反质数。举个例子，1 597就是反质数，因为这个数本身是质数，反过来写成7 951也是质数。小于1 000的反质数有：13，17，31，37，71，73，79，97，107，113，149，157，167，179，199，311，337，347，359，389，

701，709，733，739，743，751，761，769，907，937，941，953，967，971，983，991。

吸血鬼数：吸血鬼数（1994年由柯利弗德·皮寇弗在文章中首度提出）需要满足以下条件：①位数为偶数；②由两个数字（叫做尖牙）相乘得到，这两个数字各包含乘积的一半位数的数字；③尖牙数不能同时是两个零结尾的数字。

这个定义有些复杂，不如我们直接来看一些吸血鬼数的例子吧。1 530=30×51；1 260=21×60。事实上，一个吸血鬼数可以有多对尖牙：125 460=204×615=246×510。

小于10 000的吸血鬼数有：1 260，1 395，1 435，1 530，1 827，2 187，6 880。

三角形数：三角形数指的是可以形成一个等边三角形的数。最小的三角形数是：3，6，10，15，21。我们也以同样的方式定义正方形数、五边形数、六边形数……总而言之，这类数都被称作多边形数。

在下面的表格（表2-6）中，你可以找到一些较小的三角形数、正方形数、五边形数和六边形数。

表2-6

项目	序列				
	一	二	三	四	五
三角形数			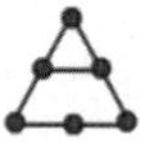	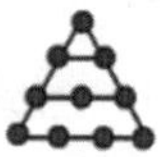	
点数	1	3	6	10	15
正方形数			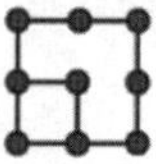	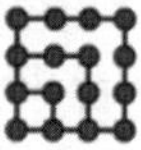	
点数	1	4	9	16	25
五边形数		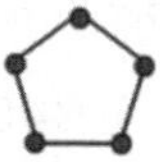	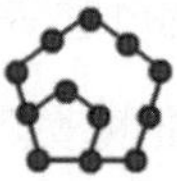		
点数	1	5	12	22	35
六边形数			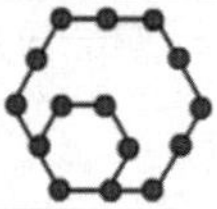	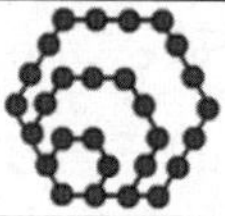	
点数	1	6	15	28	45

18 欧元纸币和欧元检验码

在使用欧元纸币进行支付的时候，我们很少会关注这些纸币上都印了些什么东西。如果稍加注意的话，就能看到所有的纸币上面都有一串编号。比如，此刻我手上的这张20欧元的纸币上面的编号是F00172570106（如图2-1）。在组成这些编号的所有元素中，有两个相对来说更重要一些。根据表2-7所示，英文字母表明这张纸币来自哪个国家，而后面的一串数字是一个检验码，它可以用于检验这张纸币是否为假币（这种检验只是一种初步的检验，因为一个造假币的人应该知道这个检验码的作用，读过这篇文章的人也会知道），也可以用来恢复那些已经消失了的无法看清楚的号码。

表2-7

代码	国家	检验码	代码	国家	检验码
Z	比利时	9	N	奥地利	3
Y	希腊	1	M	葡萄牙	4
X	德国	2	L	芬兰	5
W	丹麦	3	K	瑞典	6

（续表）

代码	国家	检验码	代码	国家	检验码
V	西班牙	4	J	英国	7
U	法国	5	H	斯洛文尼亚	9
T	爱尔兰	6	G	塞浦路斯	1
S	意大利	7	F	马耳他	2
R	卢森堡	8	E	斯洛伐克	3
P	荷兰	1	D	爱沙尼亚	4

我们通过刚才提到的这张纸币来看看这些编号究竟有什么作用。

图2-1

首先，字母F表明这张纸币来自马耳他。

为了检验这是否是一张真的纸币，需要把这一串数字相加：

$0+0+1+7+2+5+7+0+1+0+6=29$

若相加之和为一个两位数的数字，要把这两个数再相加一次：2 + 9 = 11。如果还是得到了一个两位数的数字，则需要继续相加一次：1 + 1 = 2。如果相加所得的和与每个国家所分配的检验码（如表2–7中的检验码一栏所示）一致的话，这张纸币就是一张真的纸币。

正如我前文已经说到的，这个检验码也可以用来变魔术，即用来恢复一个已经消失的数字。假设我们让一个志愿者告诉我们他钱包里的一张纸币的字母和数字，但不是所有的数字，需要减掉一个，至于这个数字的顺序是正常的还是打乱了的都没有关系。想像一下，他给了我们这样一串字母和数字：X8872357121。这些字母和数字来自图2–2的10欧元纸币。对应这张图片我们可以看到，这个志愿者减掉的数字是3，但实际上我们是不知道的，因为我们没法看到他手里的纸币。所以为了找出这个被减掉的数字3，只要把志愿者已经告诉我们的所有的这些数字相加：8 + 8 + 7 + 2 + 3 + 5 + 7 + 1 + 2 + 1 = 44。再把这两个数相加，得出的结果是

图2–2

8，但是德国的检验码（通过志愿者给出的字母，我们知道这张纸币来自德国）是2，为了使得这两个数相加所得的和是2，那之前的结果8就应该变成11。这样，我们很容易就可以推测出志愿者减掉的数字是3了。

现在你应该知道你口袋里的欧元纸币从哪儿来了，也知道如何利用这张纸币来跟你的朋友们变个魔术了。

对了，我家现在有14张纸币，一张是马耳他的，一张是法国的，一张是葡萄牙的，一张是荷兰的，还有10张是德国的，巧不巧？

19 不吉利的数字

作为一个数学老师，虽然我并不认同某些特定的数字和运气有关，但是在实际生活中，也会有一些历史和文化上的例外，现在就让我们走近那些被认为是不吉利的数字吧。

11：11这个数字目前并没有太多不好的名声，但它依旧被认为是一个不吉利的数字。旧基督教认为它是与罪孽有关的数字，因为它大于手指数10又小于完美的化身12。继“9·11”事件和马德里“3·11”连环爆炸案事件之后，这个数字就被运用在不那么科学的运算中了……

13：在有些文化中13被认为是一个不吉利的数字，而在另一些文化中则恰恰相反。传说13被看作一个不吉利的数字这件事起源于圣经故事：最后的晚餐。在最后的晚餐中，耶稣和11位门徒加起来一共12人，但如果把犹大这个叛徒算进去，就会有13个人同桌共餐。正是因为这个原因，星期二（最后的晚餐的故事发生在星期二）和13才都被认为是不吉利的。

这一切看起来似乎很愚蠢，但是：

——在世界一级方程式锦标赛中，1976年至2013年间停止使用数字13。

——在马德里没有13号公交线路。

——有些飞机没有第13排。

——在一些酒店里没有第13层楼，且不提供第13层楼的房间。

——塔罗牌的死亡卡是13号。

——摩托车赛车手安吉尔·涅托总是说他赢得了12 + 1场世界大赛的冠军，但是这个策略一点用都没有，因为他再也没有赢得第14次冠军。

这种迷信可以演变成一种叫做“十三恐惧症”的病，它指的是一种对于跟13这个数字相关的所有东西的不理性的恐惧。事实上，若一个月的13号恰逢星期五，人们就会更加恐惧，从这种恐惧中还诞生了一个专有名词，即“黑色星期五”。

666：数字666通常和撒旦或者基督的死敌有关。这种联系源自《圣经·新约》启示录，虽然现在来看这个数字应该是616。从这以后，数秘术就一直在各个奇怪的地方找出这个数字。举个例子，如果把罗马数字DCLXVI相加，会得到结果666（虽然很明显地漏掉了M，但结果确实是我们感兴趣的数字）。我觉得在任何情况下，如果有足够的耐心去寻找的话，我们一定会找到这个数字的，虽然有时候是以一种很勉强的方式找到的。

我们在表2-8给你留下一个魔方（详情见“数独的前身——魔法方格”一节），在这个魔方里藏着一个神奇的数字666。

表2-8

3	107	5	131	109	311
7	331	193	11	83	41
103	53	71	89	151	199
113	61	97	197	167	31
367	13	173	59	17	37
73	101	127	179	139	47

20 番外篇：数字游戏

在这一章中的番外篇，我们建议你来做一些数字游戏，可以吗？

a）让等式成立

你要将基本的算术符号（+，–，×，÷）放在最小的9个自然数中，使这个等式成立。

注意：如果需要的话，你也可以把两个数字合在一块组成一个两位数字。

1　2　3　4　5　6　7　8　9 = 100

b）数尽其位

你要把1到9这几个数字放在图2–3墙上的砖块里，保证上一排砖块里的数字等于下一排相连的两个砖块里数字的和。

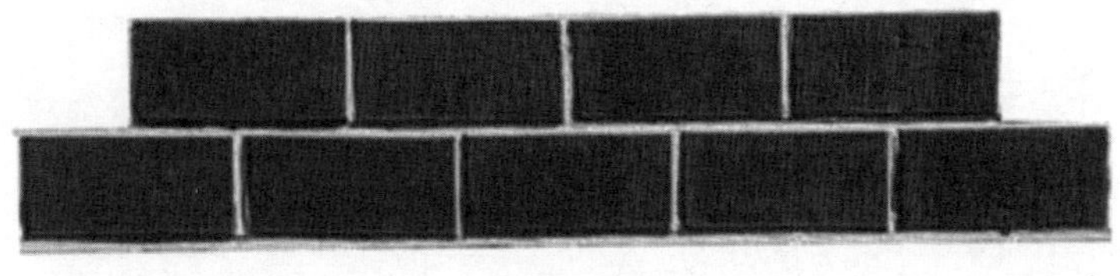

图2–3

c）每个水果的数值

请找出图2-4中每个水果所代表的数值，以确保下列算式都正确。

图2-4

d）分开的邻居

将数字1到8放在图2-5中，使得两个连续的数字没有共同的侧边或没有同一个顶点。

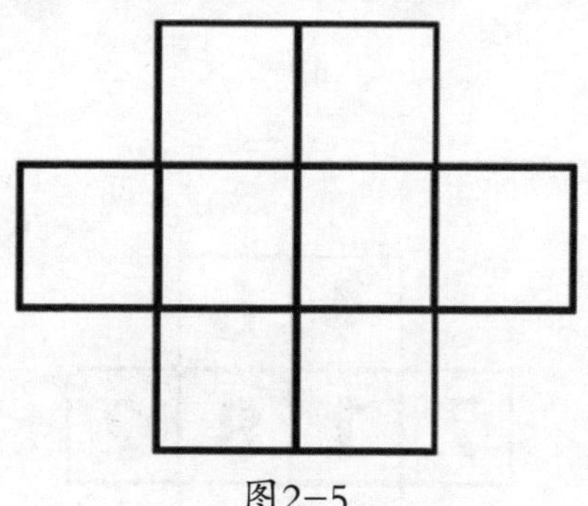

图2-5

参考答案：

a）让等式成立

这道题有很多答案，这里列出其中的一些：

$1+2+3+4+5+6+7+(8\times9)=100$

$1+2\times3+4+5+67+8+9=100$

$1\times2+34+5+6\times7+8+9=100$

$1\times2\times3\times4+5+6+7\times8+9=100$

b）数尽其位

图2-6

c）每个水果的数值

= 4　= 7　= 1　= 3

图2-7

d）分开的邻居

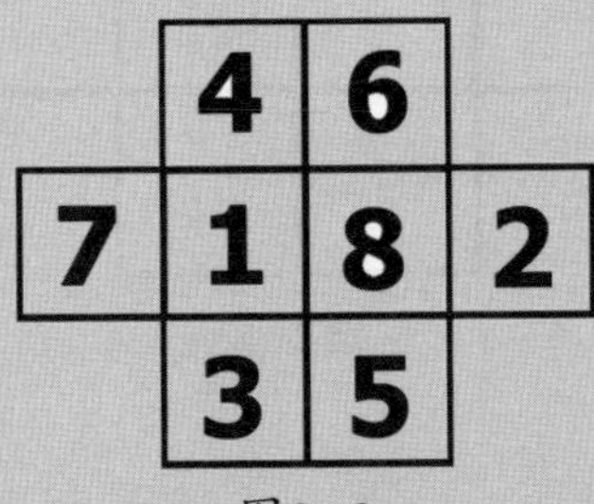

图2-8

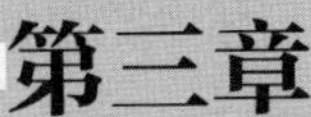

第三章 接近无限大

21 国际象棋和数学

国际象棋是一项智力游戏，走每一步棋时都不能仅仅看某个部分，而应深入研究和思考整盘棋局。从这些必要的研究中以及每一步棋的章法中可以发现，国际象棋走的路数和数学有很大关联。

要寻找它们之间的关联，我们可以从国际象棋的起源开始。传说国际象棋的发明是为了排解一位国王郁闷的心情。国王非常喜欢这个游戏，他认为自己是无所不能的，便对发明这个游戏的臣子说可以满足他想要的任何赏赐。

这个臣子的愿望很简单，看起来很容易满足：他要求在棋盘的第一格上放1粒小麦，在第二格上放2粒，第三格上放4粒，第四格上放8粒，按照这个规律放直到最后一个格子，也就是到第64格为止。

国王马上叫来他的学者们计算所需的小麦数量，以便满足发明者小小的愿望。同时他还让人拿来了几袋小麦，以为这些就足够用了。

当数学家们告诉国王所需的小麦数量为

18 446 744 073 709 551 615（即$2^{64}-1$）粒的时候，问题出现了。考虑到1 000粒小麦约重30克，那一粒小麦的重量约为0.03克。因此，发明者所要求的小麦重量为（$2^{64}-1$）× 0.03克≈553 402 322 211 286 548克=553 402 322 211.286 548吨。按照世界小麦年产量6.5亿吨来计算的话，那国王需要给发明者851年的世界小麦产量！

除了这个令人吃惊的故事外，我还得补充一下，有很多伟大的数学家对国际象棋很感兴趣，比如高斯、欧拉、勒让德、德·摩根……反过来也一样，有很多著名的国际象棋手在数学或计算机领域也有杰出的贡献，比如斯坦尼兹、拉斯克、马克斯·尤伟、鲍特维尼克……

事实上，国际象棋已经成为验证计算机一些算法功能的方法之一。试图创建一种能够打败人类的程序永远是一个巨大的挑战，最终，来自IBM公司的名叫“深蓝”的计算机在1996年成为第一台打败世界冠军加里·卡斯帕罗夫的机器。

除了上面所说的，还存在很多和国际象棋相关的数学和智力问题，例如，用多米诺骨牌摆满除了两个对角之外的棋盘，这样就形成了马无法通过的道路，也形成一种对称……

最后，我们提出一个问题，你可以继续思考：在国际象棋的棋盘上放8个皇后，但是得使她们之间不会相互攻击。这个问题很早就被提出，一共有92种解决方法。1850年有人找出了第一种方法，值得一提的是，这个人是一位盲人数学家——弗朗兹·恩克。数学家高斯曾试着解决，但是他没能找出所有的方法。你能找出至少一种方法吗？

22 无限和无限的种类

“无限”的概念被应用在很多领域，数学、哲学、天文学、技术……因此，它很难被定义。那我们所说的“无限”是指哪种呢?

一般来讲，如果不从数学方面考虑，按照语言字典的定义，无限(∞)指的是没有任何限制。

在这一篇我们试着进一步探究无限。从集合论来讲，假设集合A是无限的，集合B是集合A的一个子集（与A不相等），那集合B和集合A能形成双射。换言之，集合A的任一子集元素与集合A的元素都能一一对应。

这个定义有点难理解，接下来我们再进一步阐释。举个例子：$A=\{1,2,3\}$，$B=\{7,8,9\}$，集合A和B之间能形成双射，比如$1\leftrightarrow7$，$2\leftrightarrow8$，$3\leftrightarrow9$，且集合A中的每一个元素只对应B中的唯一一个元素；反过来也一样，集合B中的每一个元素只对应A中的唯一一个元素。这样，我们就可以说集合A与B之间是一一对应的关系。像这样的情况，这两个集合的基数是一样的（也就是说，这两个集合包含相等数量的元素）。

同时，我们也能清楚地看到，自然数集（N）和集合A的基数不同，当然它们也不能建立一一对应的关系（集合N比集合A的元素多很多）。

回到我们开始提出的无限的概念，这个概念由德国数学家格奥尔格·康托尔建立。比如自然数集N就是一个无限集合，因为我们能找到它的一个子集和这个集合本身有一一对应的关系。我们把N看做自然数的集合，把P看做偶数的集合。显然，偶数的集合是自然数集合的一个子集，但是又不同于自然数集合（在数学中这样表示：$P \subsetneq \mathrm{N}$）。除此之外，这两个集合之间也形成双射（一一对应的关系）。

自然数集N中的每个自然数n都有对应的$2n$，那么集合N中的所有元素在集合P中都有唯一对应的元素，反过来也一样，集合P中的所有元素在集合N中都有唯一对应的元素。这样，集合N有无限的元素，也就是说它的基数是无限的，符合康托尔提出的概念。

不论你是否相信上述内容，自然数集合、偶数集合、奇数集合、整数集合或有理数集合的元素数量都相等。像所有这些可以计数的组合，它们的基数都是$\aleph_0$ (aleph - 0)：Card（N）= Card（Z）= Card（Q）=$\aleph_0$。

但是，实数的集合是无法计数的，也就是说在自然数集合和实数集合之间无法形成任何双射（一一对应关系）。在这种情况下我们说这些实数的基数是$\aleph_1$(aleph - 1)。

由于这些“疯狂”的想法，康托尔饱受非议，还因此一度消沉，不止一次住院治疗。现在这些想法都已经全部被人们认可了，虽然这种认可对他来说已经太晚。

康托尔最终也无法证明在$\aleph_0$和$\aleph_1$之间是否存在无限，也就是说在大于自然数且小于实数之间是否存在无限，不过后来有人提出的假设说明了这两者之间不存在无限。

1940年，库尔特·哥德尔证实了这个假设和至今仍受重视的集合论的公理并不矛盾。1963年，P. J. 科恩证明了这个假设与集合论的公理系统是彼此独立的，即该假设在集合论公理系统内既不能被证明，也不能被证伪。看来想要弄清楚“无限”，还有很长的路要走呀！

23 “Google”来源于“googol”

谷歌（Google）是世界上最有名的搜索引擎，但是很少有人知道，它的名字源于一个跟数学有关的单词。别着急，我们从头说起。

故事发生在1938年，数学家爱德华·卡斯纳想给一个非常大的数字命名，这个数字是10^{100}，也就是1的后面有100个0。

但是他想不出任何名字，于是便向他九岁的侄子米尔顿·西罗蒂征求意见，他侄子给的回答是“古戈尔”（googol）。就这样，从那时起数字10^{100}开始被人所知。

1googol=10^{100}=10 000 000 000 000 000 000 000 000 000 000 000 000 000 000 000 000 000 000 000 000 000 000 000 000 000 000 000 000 000 000 000 000 000 000 000 000 000 000

1古戈尔（googol）是相当大的，甚至大于宇宙中氢原子的数量。

顺着这个思路，卡斯纳将1后面0的数目为1古戈尔的数字称为古戈尔普勒克斯（googolplex），即10^{googol}，这是一个至今都无法想象的数字。

$$1googolplex=10^{googol}=10^{10\,000\,000\,000\,000\,000\,000\,000\,000\,000\,000\,000\,000\,000\,000\,000\,000\,000\,000\,000\,000\,000\,000\,000\,000\,000\,000\,000\,000\,000\,000\,000\,000\,000\,000}$$

你可能会问，上面讲的这些跟谷歌有什么关系呢？下面我们接着讲解。

1996年，拉里·佩奇和谢尔盖·布林参加了一个计算机研究项目，并且开始合作研究一个名叫“BackRub”的搜索引擎，这个搜索引擎在斯坦福校园内部使用了超过一年的时间，但是由于它对宽带要求太高，最后学校放弃了对这款搜索引擎的使用。

到了1997年，拉里和谢尔盖觉得需要给搜索引擎换个新名字，经过千挑万选，他们决定使用“Google”。这个词从数学名词“googol”转化而来，并且这两个词在英语的发音上很相似。他们觉得这个单词非常合适，因为它能传递这样的概念：通过这款搜索引擎在互联网上能够获得海量的信息。

那么，你是否能猜到谷歌在加利福尼亚总部的名字叫什么呢？就是Googolplex！

试想一下，如果那天下午卡斯纳的侄子没有说“googol”，而是说了另外一个单词，那现在我们常用的搜索引擎就该叫别的名字啦！

24 汉诺塔和世界末日的传说

如果你正在看这本书，那就说明世界并没有像玛雅人预言的那样在2012年12月21日灭亡。实际上，这不是第一个关于末日的预言。下面我们来看一个古老的传说，它也讲了世界会以怎样的方式、在什么时候灭亡。故事是这样的：

在印度瓦拉纳西的一座神庙中，有一处标志着世界中心的圆顶，圆顶下有一个青铜基座，里面有3根钻石针，每根针都像蜜蜂的身体一样粗，大约有50厘米高。传说神在创造世界的时候，在其中一根针上由大到小放置了64片金片，所有金片的直径各不相同。庙里的僧侣们日夜不停地将一根针上的金片移动到另外一根上，移动过程遵循以下3项基本原则：

（1）每次只能移动一片金片；

（2）处在上面的金片的直径不能大于下面金片的直径；

（3）只有在一片金片上没有其他金片的情况下，才能移动这片金片。

当所有金片都被移动到第三根针上的时候，世界将灭亡。

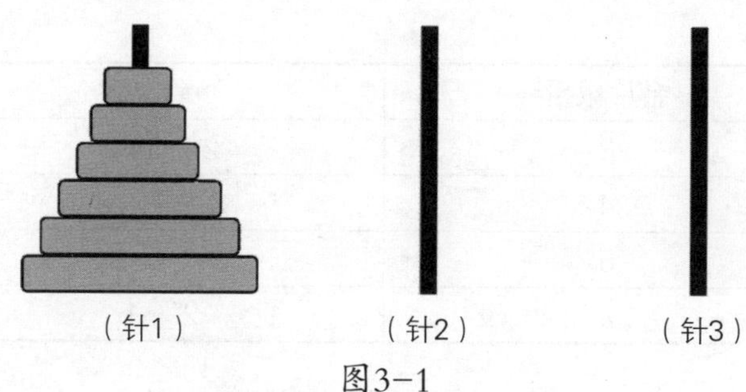

图3-1

看到这些，我猜马上会有人开始计算离世界末日还有多长时间。

为了回答这个问题，我们可以计算一下将64片金片从第一根针上移动到第三根针上所需要移动的次数。

举个例子，如果只有一片金片，那只需要移动一次就能达到我们的目的。如果有两片金片需要移动，则需要移动三次：首先将较小的金片移到中间针上，然后将较大的金片移到第三根针上，最后将中间针上那片较小的金片移到第三根针上。

下面的表格（表3-1）显示了第一根针上的不同金片数量对应的移动次数。如果你有所怀疑，可以验证一下这些次数是否正确。

表3-1

金片数量	移动次数
1	$2^1-1=1$
2	$2^2-1=3$

（续表）

金片数量	移动次数
3	$2^3-1=7$
4	$2^4-1=15$
5	$2^5-1=31$
n	2^n-1

因此，要将64片金片全部移动到最后一根柱子上，需要移动$2^{64}-1=18\ 446\ 744\ 073\ 709\ 551\ 615$次。

假设这些僧侣每秒能移动一次金片，并且一刻不停地轮流移动，完成这项任务则需要584 942 417 355年。

甚至假设这些僧侣从宇宙诞生就开始工作（显然不可能），即他们已经工作了14 000 000 000年，那他们还需工作570 000 000 000年才能完成任务。但是，在这个时间之前太阳已经消失，地球也将毁灭，走向灭亡。

所以呢，我们完全不必慌乱。

25 对折一张纸：指数增长

如果可行的话，你知道将一张纸对折50次后会有多高吗？

要想回答这个问题，首先我们得知道一张纸的厚度是多少。以一沓500张80g/m^{2}的纸为实验对象，假设测量得到这500张纸的厚度为5.5cm，可以推断出一张纸的厚度是5.5÷500=0.011cm≈0.1mm。当把纸对折一次后，厚度为0.2mm，对折两次后，厚度为4张纸的厚度，也就是0.4mm。继续按照同样的方式对折，我们可以得到表3-2显示的数据。

表3-2

折叠次数	折叠后层数	厚度
1	2	0.2 mm
2	4	0.4 mm
3	8	0.8 mm
4	16	1.6 mm
5	32	3.2 mm
10	1 024	10.24 cm
20	1 048 576	104.86 m

（续表）

折叠次数	折叠后层数	厚度
30	1 073 741 824	107.37 km
40	1.1×10^{12}	110 000 km
50	$1.125\,9\times10^{15}$	112 590 000 km

我们已经知道地球与月亮的距离是384 400km，那将一张纸对折50次后的高度足以到达月球，而且绰绰有余。

正如你所见，每次对折后纸的层数成倍增加，增长的速度极快。实际上，纸的层数是2^n，n是我们对折纸的次数。这种类型的增长叫做“指数增长”（增长速度的快慢跟底数大小有关），被广泛应用于各个领域。

生物学：如果有养分，作物上的微生物数量就会呈指数增长；如果对一个病毒不加干预，它会以指数级速度扩散；如果没有捕杀，一个生态系统中居住的成员数量同样会呈指数增长。

物理学：绝缘材料内部的分解、持续的核反应、热转移试验，还有放射性物质的衰变（以碳14衰变为基础）等都与指数增长相关。

经济学：经济增长是以百分数来表示的，因此也是指数增长；利率固定的情况下，复利计息会使资本呈指数增长。

技术学：数的大小可以用x位表示，位值变化时，所表示的数值也是指数增长。

因此，我们可以看到指数增长的应用十分广泛。

26 外星人在巴塞罗那：单利和复利

1990年的夏天，西班牙《国家报》分期连载了一篇小说《外星人在巴塞罗那》，作者是著名作家爱德华多·门多萨。小说以日记的形式讲述了一个外星人寻找另一个在巴塞罗那走丢的外星人吉尔布的故事。为了掩饰身份，这个外星人把自己变成各种各样的人，如玛尔塔·桑切斯（著名歌手）。

门多萨在小说里批判了当时社会的风气,但是我们更感兴趣的是，小说里主人公在寻找同伴的过程中提出了一个问题：如果一个梨值3比塞塔，那这个梨在公元3628年时值多少钱呢？答案是：987 365 409 587 635 294 736 489比塞塔。

在没有依据的情况下，人们刚开始看到这个数字的时候会觉得太夸张了。但是，估算一下，如果梨的价格在这些年里持续上涨，且年增长率大约为3.36%，那么这个数据一点也不夸张。

这种情况跟我们把钱存在银行计算复利很相似，在开始这个话题之前我们先了解一下“单利”和“复利”到底指的是什么。

众所周知，我们将钱存进银行时银行会提供一个固定的利率。换而言之，如果我们将钱存定期，到期后钱增加得很少（当然，如果没有特殊情况），银行给我们的少量增加的钱叫做“利息”。显然，相对于把钱放在自家保险柜里，把钱放在银行里一段时间后我们会得到更多的钱，也就是说这里产生了交易。

如果有兴趣，我们也可以假设钱在银行里存的时间不止一个周期（比如在同一个地方存三年）。如果每年我们都将该年产生的利息取出来，第二年仍然以第一天存的钱为本金计算利息，这样的方式叫做单利。如果第二年我们将第一年的利息也作为本金，那第二年得到的钱会更多，也就是说这种方式下第二年产生的利息更多，这种计息方式叫做复利。

如果C_0表示期初资本，C_f表示得到的最终资本，t为存钱年数，r%为年利率，那就很容易（但是比我们预计的时间要长）得出下列公式：

单利　　　　复利

$$C_f=C_0\times(1+t\times i)\qquad C_f=C_0(1+i)^t\qquad i=\frac{r}{100}$$

我不想对银行赚钱的方式做任何评论，但是现在银行的利率很低。为了满足好奇心，我们看一下如果外星人在1990年把1欧元（确切地讲，在当时是166.386比塞塔）存进银行，假设这个银行在公元3628年时仍然存在，年利率始终为3%，那这1欧元会变成多少钱。

单利：

$C_f=1\times[1+1\,638\times0.03]=50.14$（欧元）

复利：

$C_f=1\times(1+0.03)^{1\,638}\approx1\,065\,059\,982\,077\,321\,675\,948.5$（欧元）

如果这个外星人足够聪明，他会在银行里存进去1欧元，按照3%的利率，到了公元3628年时他就可以取出来1 065百亿亿欧元了！

到这里，你会发现我们又回到了指数增长，这是一种爆炸式的增长。

现在也许到了往银行里存1欧元的时刻了，在无数年后我们的后代便可以把它取出来，变得超级富有！

27 希尔伯特旅馆：一个有无限个房间的旅馆

20世纪20年代，伟大的德国数学家戴维·希尔伯特设计了一个著名的思维实验来向我们展示想要弄明白“无限”这一概念有多难。想象一下，一个旅馆有无限个房间，接下来我们来看一下这个旅馆是如何入住无限量的旅客的。

一个有无限个房间的旅馆将会变成一个热门的地方，会有大量的客人前来入住，所以很快所有的房间都会住满。但是，如果这时候再来一个想入住的旅客怎么办呢？这个人为了入住，会给服务员一笔丰厚的小费。这个聪明的服务员会怎么处理呢？很简单，告诉所有房间的客人都搬到另一个房间去，即每一个房间号为n的房客都换到（$n+1$）号房间。

但是，如果之后再来一车旅客，共60人，且每人都要住单间，会发生什么呢？服务员会收到60份不菲的小费，这些小费值得他努力想想办法。所以他再一次安排n号房间的客人换到（$n+60$）号房间去，这样1到60号的房间就空出来了，这60位旅客当晚就可以入住，服务员也得到了60份额外的小费。

如果某个时间来了一辆客车，车里有无限位旅客，那问题就更严重了。这次，酒店前台处理起来就有些麻烦，但是从另一个角度来讲，他能得到无限份小费，那还有什么困难克服不了呢？说时迟那时快，他首先安排每个房间的房客都换到$2n$号房间，也就是说，每个房客换到房间号为当时所住房间号乘以2的房间。这样，所有单号房间都空出来了，也就有无限个房间可供无限位旅客住宿。然后，根据每个旅客在车上对应的座位号k，让这些旅客去房间号为$2k-1$的房间入住就行了。

有了之前的小费，服务员已经拥有无限财富，但是他的工作还可以变得更复杂。想象一下，如果来了无限辆载有无限位旅客的车，问题应该就更烧脑了！

遗憾的是，没有人觉得自己的钱已经足够，所以无限份无限量的小费足以让这个酒店前台重新回到岗位工作。像以往一样，他拿起话筒跟所有房客联系，让他们都换到$2k$号房间，所有的单号房间又空出来了。最后，安排n号车的m号旅客入住$3^m \times 5^n$号房间，这些房间都是单号，所以都是空的。这样，新来的无限辆车的无限位游客都可以安排入住，还能空出一些房间赚取更多的小费。

现在你知道如果你有这样一个有无限个房间的旅馆，你会变成大富豪！

28 只有三个数字

在往下阅读之前，请你先想一想，如果只用三个数字，不用算术符号也不用这三个数字外的其他数字，能写出的最大数是多少呢？

倘若你认为是999，答案就错了，因为数字还可以更大。如果运用乘方，你可以得到更大的数。实际上，用三个9可以写出下列数字：

99^9　　9^{99}　　9^{9^9}

我们来看看这三个数哪个最大，每个数都有几位，以及要写下最大的数需要几页纸。

因为$9^9=9\times9\times9\times9\times9\times9\times9\times9\times9=387\ 420\ 489$，显然$9^{99}<9^{9^9}$。

如果要计算一个以10为底数的数字的对数，所得结果的整数部分是原有数字的位数减1，比如，lg（124）≈2.09，lg（56 709）≈4.75，这样我们就能直接计算上面三个数的位数，而不用把数全写下来。

$\lg(99^9)=9\times\lg99\approx17.96$，因此，$99^9$有18位数。

$\lg(9^{99})=99\times\lg 9\approx 94.47$，因此，$9^{99}$有95位数。出于好奇，下面写出了完整的数字：$9^{99}$=29 512 665 430 652 752 148 753 480 226 197 736 314 359 272 517 043 832 886 063 884 637 676 943 433 478 020 332 709 411 004 889

最后，我们看一看9^{9^9}有几位数：

$\lg(9^{9^9})=\lg 9^{387\,420\,489}=387\,420\,489\times\lg 9\approx 369\,693\,099.6$。

可以看出，最后这个数字共有369 693 100位数。

为了让你对这个数字的长度有概念，我们计算了把这个数字全部写下来需要几张纸。在常规文本编辑器的标准界面，使用12号新罗马字体，一页能写3 500字。假设写双面，这样一张纸能写7 000字，我们就能算出写完这个数字需要52 814张纸。按照500张纸的厚度约为5.5厘米计算，这些纸的高度竟达到581厘米，也就是将近6米。

你之前能想象到三个数字组合起来有这么大吗？

29 圆周率（π）和它的第2 000万亿位小数

2010年，英国广播公司宣布雅虎科技公司的一名研究员尼古拉斯·斯则已经计算出π的第2 000万亿位小数，这样说可能会让你对这个数字的大小没有概念，为了更清楚地感受这个数的大小，可以假设每张纸能写7 000位数，每200张纸为一本，那么尼古拉斯发现的这个数能写1 428 571 429本（你可以想象一下把所有这些纸本堆起来有多高）。

但是，数字π是什么呢？研究它的小数位有什么意义呢？

首先，我们得知道π表示圆周长和直径的关系。π是一个无理数（无限不循环小数，不能写作两整数之比），它可以写作3.141 592 653 589 793 238 46…。

当我们写出的数字无限接近π的时候，我们犯的错误就会比一个氢原子还小。既然知道了不可能算出π的所有小数位，为什么人们还是疯狂地想多算出一些小数位呢？答案很显然是为了验证计算机技术：更好的算法和更好的计算机能计算出更精确的数字。

实际上，这个特殊的数字常被用于考验人类大脑的极限：一个日本人曾经背诵了π的前100 000位小数。为了完成这项壮举，这个人连续16个半小时不停地“喷吐”数字，并且没有出现一次错误。为了让你更清晰地理解，我们把100 000个数字写在纸上能写完整整29页纸。不过看到这里我的学生经常会问：这有什么用呢？

对了，我忘了说π的第2 000万亿位数是0。

30 番外篇：智力问题II

我们在“番外篇：智力问题I”里介绍过，大约每十小节会有一节提出一些数学问题来供你思考。本章的问题如下：

a）两根柱子和一根绳子

柱子高22米，绳子长40米，将绳子两端绑在两根柱子的顶端。如果绳子被挂在离地面2米的高度上，你知道两根柱子的间隔是多少吗？

b）外星人的语言

我们从一艘外星飞船上收到如图3-2所示的信息，并且外星人正在等待我们用下列这种符号来回答他们。如果要让他们觉得人类很聪明（虽然有时候也会大智若愚），并且已经理解他们想表达的意思，你知道我们应该用哪个符号回复吗？

图3-2

c）宝藏岛

如果我们想到达藏宝图（图3–3）中的小岛，现已知从边缘到中心小岛的距离是30米，而我们只有两块29米长的厚木板，但是这两块板的密度不足以浮在水面。另外，我们也没有其他工具可以把两块板拼成更长的板。你知道如何发挥你的聪明才智到达中心小岛获得宝藏吗？

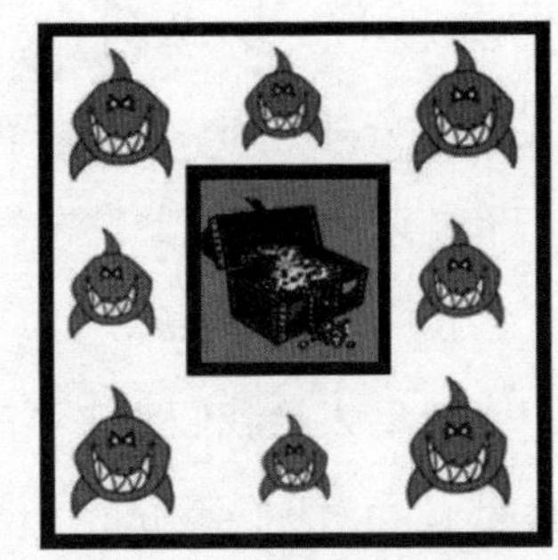

图3–3

像在之前的番外篇中说到的那样，你不要直接看答案，要自己先努力思考这些问题，除非你竭尽全力仍然无法解答。如果没有尽全力思考，建议你继续阅读后面的章节，然后再回头看这些问题。

答案：

a）两根柱子和一根绳子

想象一下两根柱子并在一起，这种情况下，因为绳子需要20米下垂，20米朝上，绳子离地的距离刚好是2米，如果把柱子分开一点，那绳子离地的高度就会更高一些。因此，只有将两根柱子紧紧贴在一起，绳子离地的距离才是2米高。

b）外星人的语言

外星人给我们发来了前五个自然数，这五个数分别以中垂线作为对称轴形成两个数。从图3-4可以看出来我们需要给外星人回复的符号是什么，这样就完全可以证明我们是聪明的物种。

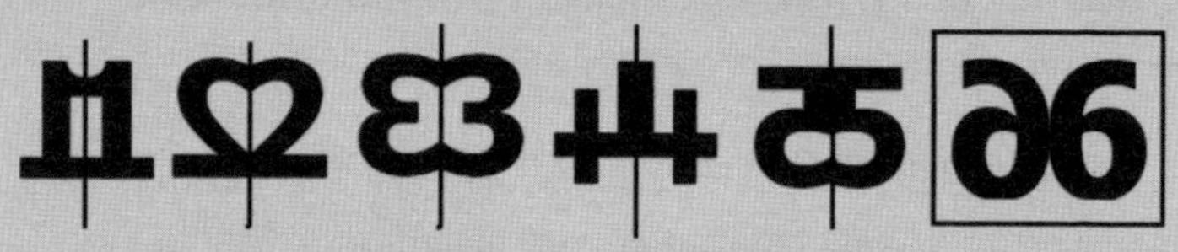

图3-4

c）宝藏岛

将两块厚木板按照图3-5所示的方式摆放就可以了。

图3-5

第四章

几何学，地球上的测量之学

31 埃拉托色尼和地球半径的计算

在如今这个有卫星，并且技术高度发达的年代，我们对地球的半径、质量或者地球到太阳的距离等这些数据已经了如指掌。但是我们也可以问问自己，这些数据是从什么时候开始为人类所知的呢？更具体一点，人们什么时候开始知道地球的半径，以及人们是怎么想办法来计算得出这个数据的呢？

为了回答这两个问题，我们要追溯到公元前3世纪。那时候希腊有一位数学家、天文学家和地理学家名叫埃拉托色尼，他用了一个非常聪明的方法来计算地球的半径。我们一起看看他做了什么。

这个数学家知道在锡耶纳（如今埃及的阿斯旺），每到夏至日的正午时分，任何一个物体都不会投射出影子，也就是说，太阳光垂直照射。假设亚历山大港和锡耶纳处在相同的经度（尽管它们实际上相差3度），并且由于太阳实在太远了以至于太阳光可以被看作是平行的光线，埃拉托色尼测量了亚历山大港在夏至日那一天中午12点的影子长度。这样，他计算出了这两个城市之间的距离是整个地球圆周的1/50（即7° 12'）。最后他只需要计算一下这两个城市之间的地面距离［5 000（埃斯塔迪奥）］，就可以推测出整个地球的周长为5 000 × 50 ＝ 250 000埃斯塔迪奥，后来他又做了小的修改并将此数确定为252 000（埃斯塔迪奥）。如果我们把那个年代的一个埃斯塔迪奥长度看作是184.8 m，那地球的周长就是252 000 × 184.8 ＝ 46 569 600（m）＝ 46 569.6（km），所以得出的半径长就是7 411.782 km，而现在公认的地球半径是6 371km。你肯定会说他并没有完全猜准确，但是如果我们把他使用的一个埃斯塔迪奥看作是157.5 m，那算出的半径即为6 316.860 km，这就是一个十分接近的数据了。

不管怎样，埃拉托色尼还是犯了一些错误，诸如把地球看作一个球体、忽略了锡耶纳和亚历山大港经度相差3度、没有准确测量锡耶纳和亚历山大港的距离、倾斜角度可能也不完全是7° 12'…… 尽管有这些错误，但是他的论据是对的，而且用仅有的工具解决了这个问题，这是完全值得赞颂的。

在下面的图4-1中，概括了这位数学家在他的计算里面使用的最重要的一些数据。

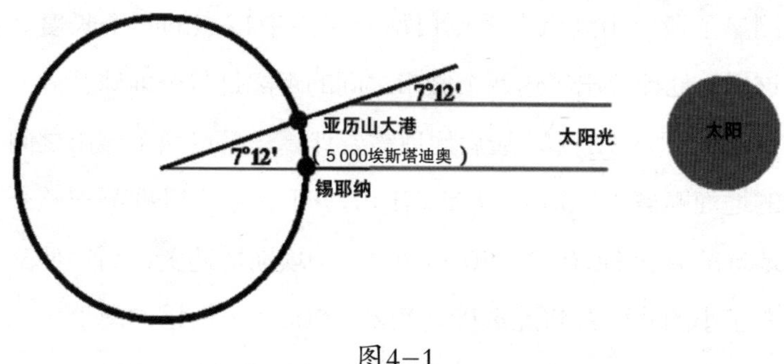

图4-1

最后，我想提醒一下，埃拉托色尼也是埃拉托色尼筛选法的创始人（详情见“质数有助于网购”一节）。

32 地板上的瓷砖

假设我们想要在地板上铺上一些正多边形的瓷砖，我们可以怎么做呢?

首先，如果只用一种正多边形，我们就会看到，由于这些图形存在角，我们只能使用三种类型的多边形：等边三角形、正方形和正六边形。也不是很难证明，的确没有任何别的正多边形可以用来做我们想铺的瓷砖了。用这三种图形的话，地面就会是图4-2这样的形式：

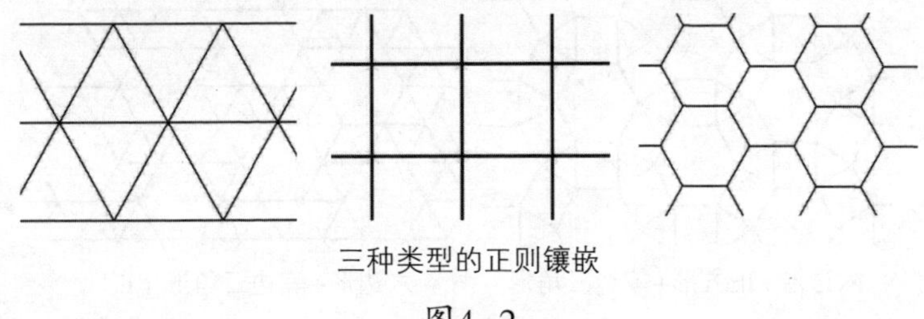

三种类型的正则镶嵌

图4-2

技术上来说，以上所铺的瓷砖叫做图形镶嵌。也就是说，我们可以借助一些满足如下条件的平面图形来铺满一个平面：

（1）完全覆盖整个平面，即不留空白。

（2）碎片可以放在上面。

若只使用一种正多边形，则是一个正则镶嵌。正如我们所指出的，确实只有三种类型的正则镶嵌。

如果想更具创造性，可以使用半正则镶嵌，即使用一种以上的正多边形，并且在每个顶点处都有相同的正多边形排列。这样的话，就存在八种半正则镶嵌，如图4–3和图4–4所示：

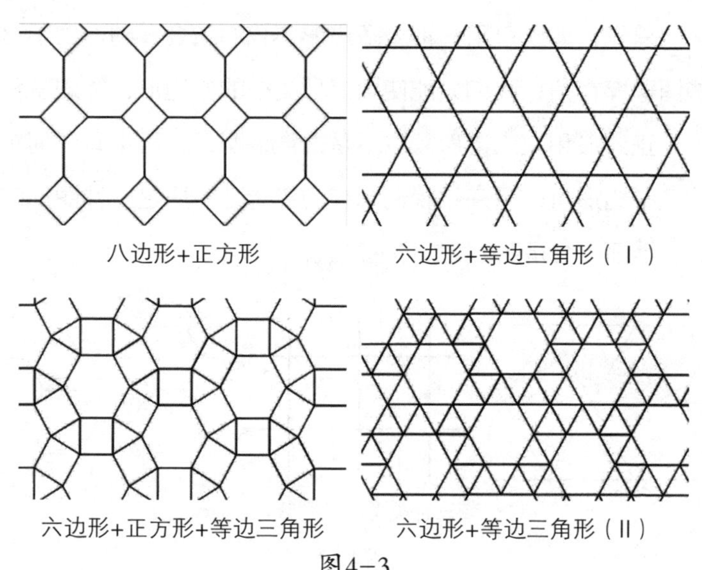

图4–3

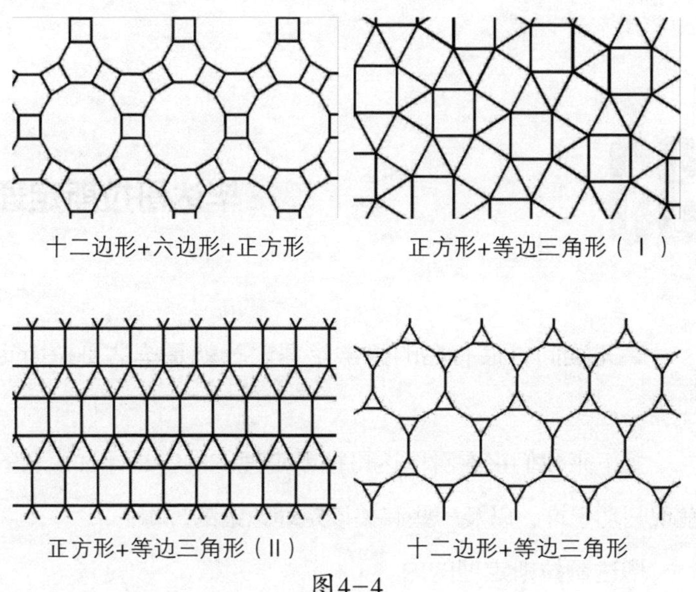

图4-4

注意：当然还有很多其他类型的镶嵌，但是它们已经不再满足以上条件。例如，若每一个顶点都有同样的多边形（即不整齐的半正则镶嵌），则可以添加七个完全不同的样式。你知道如何找出它们吗？

33 毕达哥拉斯定理

毫无疑问，最有名的数学定理之一就是毕达哥拉斯定理了。

接下来我们来看看毕达哥拉斯定理的内容是什么，它的发现归功于谁，以及一些有关该定理论证的趣事。

毕达哥拉斯定理的内容如下：“有且只有直角三角形的两条直角边的平方和等于斜边的平方。”虽然现在几乎所有人都知道这一点，但是在最开始的时候，这个定理说的只是一些类似如下的内容：

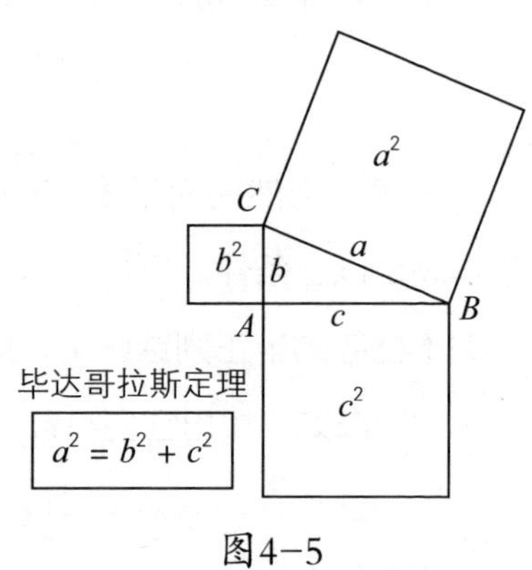

图4-5

“给定一个三角形，顶点分别是A，B，C，角A是直角（也就是说这个三角形是个直角三角形），有且只有角A相对的a边的平方等于b，c两边的平方和（$a^2=b^2+c^2$）。”

据传，这个定理之所以被命名为毕达哥拉斯定理，是因为人们认为这个定理的发现主要归功于毕达哥拉斯（约公元前570—公元前475），虽然这个定理很有可能在毕达哥拉斯和他的信徒们（这位数学家是一个学派的创始人）发现之前就为人所知了。事实上，在古巴比伦和古埃及时期就已经能找到很多满足这个定理的数组了，这些数组都早于毕达哥拉斯的论证。

这个世界上有名的定理有很多不同的证明方法。伊丽莎·斯科特·罗密士在1940年出版的《毕达哥拉斯命题》一书里就收集了370种证法。这本书也使毕达哥拉斯定理作为被证明最多的定理出现在了1991年的吉尼斯世界纪录中。

在所有这些证明方法中我们也能找到如下一些有趣的证明方法：①大约公元前1世纪中国的一部著作《周髀算经》中出现的论证方法；②欧几里得在他的伟大著作《几何原本》中给出的证明方法；③一个由阿拉伯的阿纳利滋所贡献的基于阿拉伯镶嵌瓷砖基础上的论证方法；④莱昂纳多·达·芬奇的证明方法；⑤由美国的第二十任总统詹姆斯·艾伯拉姆·加菲尔德在1876年提出的证明方法……

最后，给你留下两个挑战。在图4–6的两个图形中，直角三角形的直角边上有两个已经分成几块的正方形，你需要在直角三角形斜边上的正方形里面去重组这些方块，以便有效地证明毕达哥拉斯定理。

注意：第一个图形叫做佩里加尔证明，是为了纪念英国人亨利·佩里加尔（1801—1898）而命名，因为他使用了这个结构来证明毕达哥拉斯定理。第二个图形我们把它归功于生活在3世纪的一位中国数学家刘徽。

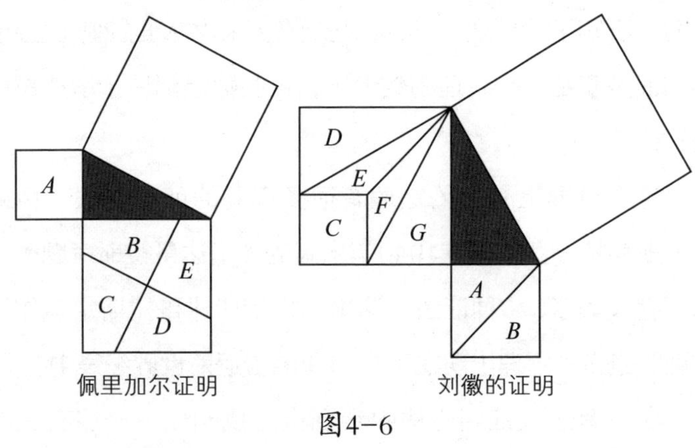

图4-6

34 古希腊的三大几何问题：三个无解的命题

你肯定听过“这就是化圆为方呀”这句话，说的是一件事情不可能完成。但是，这句话真正想说的是什么？它的起源又是什么呢?

为了回答这个问题，必须追溯到公元前5世纪，我们会发现一本至今还没有系统化的希腊几何学著作以及三个尚未解决的重要问题。

在描述这三个问题之前，必须补充一下，接下来只能用直尺（没有刻度，只能绘制直线）和圆规去构建图形。

化圆为方。化圆为方的关键在于找到一个正方形，其面积等于一个给定的圆的面积。阿那克·萨戈拉是第一个试图解决这个问题的人，在他之后还有很多数学家和数学爱好者做过尝试。要解决这个问题，必须要面对的一个事实就是如何证明数字π（用来计算圆面积的基础）是一个代数数（即它可以作为具有有理系数的多项式的根来获得）。1882年，数学家林德曼证实了π是一个超越数（与代数数相反），此外，他也证实了不可能只用直尺和圆规来解答这个问题。

所以，化圆为方是一个无解的问题。

最后，好笑的就是在证明化圆为方确实无解之后，还是有很多人相信一定可以化圆为方。这就是自信！

三等分角。三大经典难题中的另外一个就是要把任意一个角分成三等份。1837年，法国数学家皮埃尔·汪策尔首次证实了只用尺规作图是不可能解决这个问题的。虽然仅用尺规作图是不可能的，但是使用别的方法还是可以将一个角平分成三等份的。

倍立方。这个问题又叫提洛岛难题，因为它和一个传说有关。传说提洛岛上的居民们去请示神的旨意，询问怎样才能遏止已经造成雅典1/4人口死亡的瘟疫。他们得到的回复是：将阿波罗神殿中正立方的祭坛加大一倍，瘟疫就会消失。人们想都没想，就决定把祭坛的边长增加一倍，但是即便这样做了，瘟疫还在继续蔓延。原来，当他们把祭坛的边增加一倍的时候，体积已经变成了原来的八倍而不是两倍。所以从这里就诞生了第三个经典难题，怎样才能使得一个立方体的体积变为原来的两倍呢？

跟其他两个问题一样，这个问题也是无解的。其实，要解决这个问题就要构建一个棱长为原来棱长$\sqrt[3]{2}$倍的立方体，但是这个长度是无法通过给定条件的尺规作图得出来的。法国数学家皮埃尔·汪策尔在1837年也证实了这个问题无解。

总而言之，这三个问题都是无法解答的。虽然人们在两百年前就知道了这一点，但是直到今日还是有人带着一种高度的自信（数学知识却相对缺乏）来试图解决这些问题。

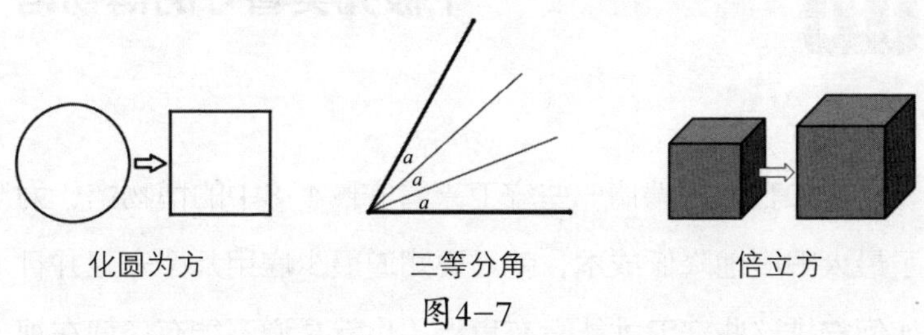

图4-7

35 一个被完美看守的博物馆

假如我们想聘请一些守卫来看守图4–8中的博物馆，为了最大限度地降低成本，就需要知道最少雇用几个守卫并且如何安排这些守卫才能没有盲点（也就是说不能有任何在视线范围之外的区域）。例如，在图4–9中的4个守卫的位置固定，这个博物馆就没法得到完全的看守。

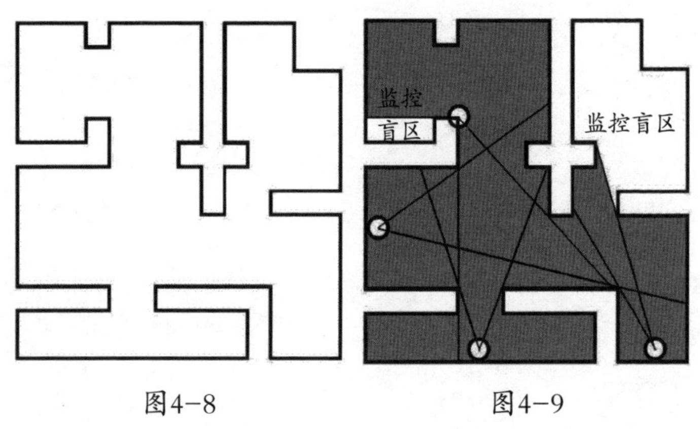

图4–8　　图4–9

幸运的是，针对这个问题，数学家已经给出答案了。有一个定理叫做美术馆定理，这个定理说的就是要看守一个有

n个顶点的多边形的美术馆只要$[\frac{n}{3}]$个守卫。

我们还要提醒一下大家，$[a]$指的是一个正数的整数部分，比如说 [4.23]=4 或者[7.83]=7。

让我们把这个结论运用到案例中来。图4–8中的博物馆有42个顶点，所以用$[\frac{42}{3}]=[14]=14$ 个守卫就能够完完全全地看守好这个博物馆了。但是这个数字通常是指需要的最多的守卫人数，也就是说，用14个位置安排妥当的守卫是完全可以看守好博物馆的，但是实际上很有可能不需要这么多人。其实，也有可能只用4个守卫就够了，你想要找个地方来试试吗？

此外，我们还得出了两个结论：

如果允许每个守卫走在博物馆的一扇墙的边上，那么除了n的某些值之外，$[\frac{n}{4}]$个守卫就足够了。

最后，如果从外部看守一个类似监狱一样的空间，只需要$[\frac{n}{2}]$个守卫就足够了。

36 地平线的距离有多远？

夏天的时候（尤其是天气好的时候），我们在梅诺卡岛欣赏到的最美的风景就是日落。每当看到太阳慢慢落下，我们总觉得它会消失在广阔无垠的地方。虽然并不想破坏这份美好，但这广阔无垠的地方究竟有多远？也就是说，地平线的距离能计算出来吗？

答案是肯定的，接下来我们就来计算一下。

这种必要的计算并不复杂，只需使用在第33节中提到的毕达哥拉斯定理。

在开始计算之前，请你看一下图4-10。在这幅图中有一个观察员，他负责观察地平线（地平线显然与地球半径R不成比例，但是依旧可以帮助我们确定一些数据）以及我们要计算的距离d。将毕

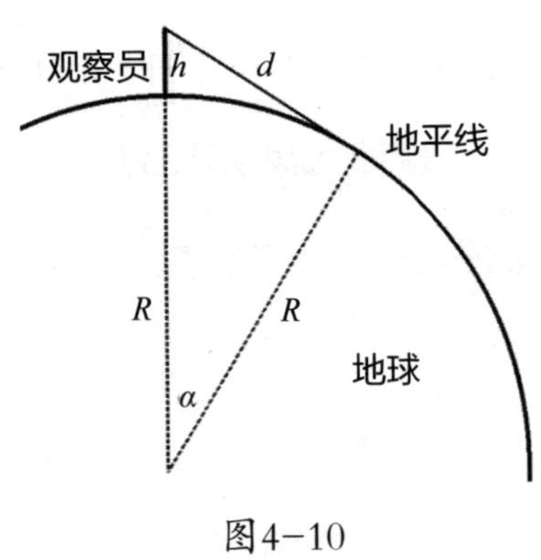

图4-10

达哥拉斯定理运用于这个直角三角形，其斜边为$R+h$（人的身高，已知），直角边为R（已知）及d（要计算的边），这样就能计算出我们寻找的地平线的距离了。

如上所述，运用毕达哥拉斯定理就能得到：

$$(R+h)^2=R^2+d^2$$

$$R^2+h^2+2Rh=R^2+d^2$$

$$h^2+2Rh=d^2$$

$$d=\sqrt{h^2+2Rh}$$

$$d\approx\sqrt{2Rh}$$

我们消除了h^2，因为相比较$2Rh$来说它显得无足轻重。

因此，对于一个身高为1.70m的人来说，假设眼睛看的高度是1.70m，再考虑到地球的半径是6 371km，那地平线的距离就如下：

$$d\approx\sqrt{2\times 6\,371\times 0.001\,7}\approx 4.65\ (\text{km})$$

现在你看到了吧，这看似广阔无垠的地平线的距离不到5km！

37 不可能的图形——欺骗我们的感官

不可能的图形是指那些能够存在于二维空间但是不能存在于三维空间的图形。多年来，这些图形吸引了大量的数学家以及很多把这些图形应用于自己作品的艺术家。荷兰艺术家莫里兹·柯尼利斯·艾雪（1898—1972）就是其中的代表，在他的作品中经常可以找到肉眼可见与不可见的矛盾性。

接下来，你会看到一些不可能的图形（在它们中间有三张瑞典邮票较为突出），我鼓励你去分析一下图4–11、图4–12和图4–13这些图形，试着找出它们不可能的原因。

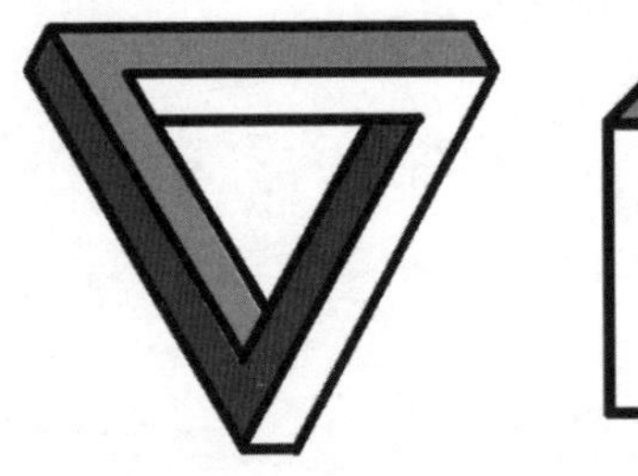
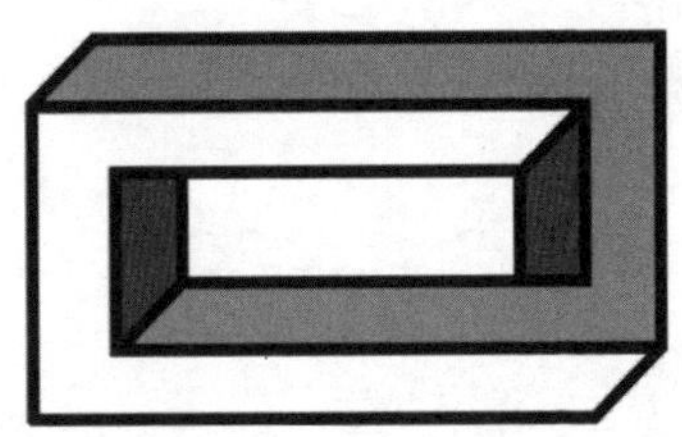

图4–11

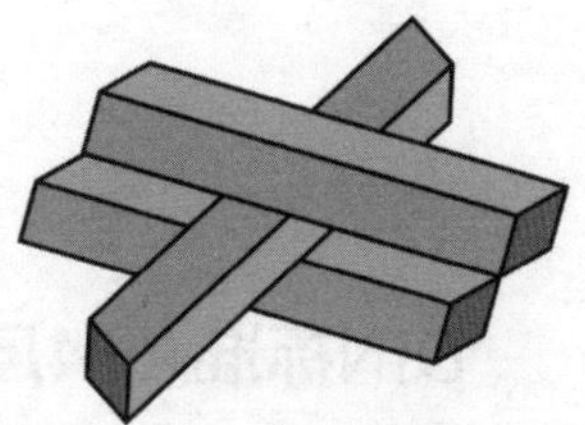
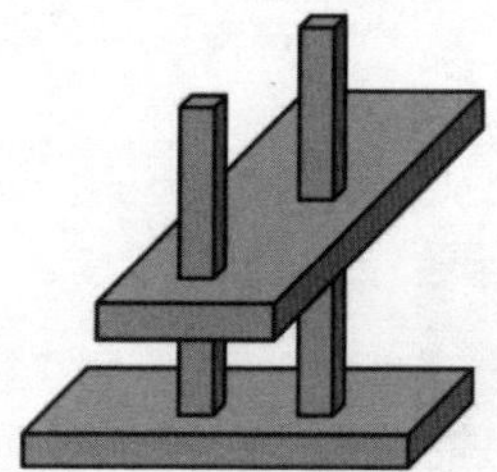

图1-12

1982年瑞典出版的邮票

图4-13

38 DIN标准A-4尺寸

通常我们用来写字或者打印的纸张宽为21cm，长为29.7cm。但是，你知道这种尺寸最初是如何确定的吗？为什么这种尺寸不四舍五入为20cm、30cm呢？

正如我们常说到的，数学自有答案。

DIN标准A系列最大的尺寸是DIN A–0，它的面积为$1m^2$。除此之外，一张DIN A–0纸对折之后会产生一张和原来相似的纸（即与原来纸张的长宽成比例）DIN A–1，但面积却只有原来纸张面积的一半。因此，如果把DIN A–0的宽设为x，长设为y，单位均为m，就可以得到如下的方程组（在这个方程组中，借助数学语言可以表示出原来的纸张有$1m^2$的面积，并且DIN A–1和 DIN A–0成比例）：

$$\begin{cases} xy=1, \\ \dfrac{y}{x}=\dfrac{x}{\frac{y}{2}} \end{cases}$$

求解该方程组就能得出宽$x=\dfrac{1}{\sqrt[4]{2}}\approx 0.840\,9$（m），长$y=\sqrt[4]{2}\approx 1.189\,2$（m）。

所以，我们把一张纸（DIN A–0）不停地分成两半就能得到DIN A系列所有纸张的大小，如表4–1所示：

表4–1

纸张	长度	宽度
DIN A–0	118.9 cm	84.1cm
DIN A–1	84.1 cm	59.4 cm
DIN A–2	59.4 cm	42.0 cm
DIN A–3	42.0 cm	29.7 cm
DIN A–4	29.7 cm	21.0 cm
DIN A–5	21.0 cm	14.8 cm
DIN A–6	14.8 cm	10.5 cm
DIN A–7	10.5 cm	7.4 cm
DIN A–8	7.4 cm	5.2 cm
DIN A–9	5.2 cm	3.7 cm
DIN A–10	3.7 cm	2.6 cm

最后还需补充一点，我们把这个尺寸的确立归功于德国标准化协会（Deutsches Institut für Normung，从这里诞生了DIN的缩写），该协会在1992年公布了关于纸张尺寸的DIN 476标准。更具体来说，柏林的一位工程师沃尔特·波斯特曼完善了

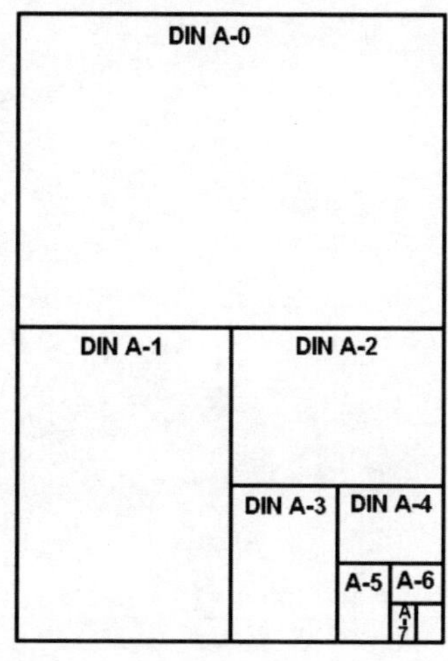

图4–14

该标准。

至此你应该就知道为什么一张DIN A–4纸有这么独特的尺寸了吧。这些尺寸并不是胡乱规定的，它们都是数学的体现。

39 欧元符号，几何思维的结晶

欧元是25个国家及地区的货币，其中19个国家是欧盟的成员国（注：英国目前已经脱欧），另外6个国家（地区）分别是安道尔、梵蒂冈、摩纳哥、圣马力诺、黑山和科索沃地区。自2002年1月1日起，欧元开始在包括西班牙在内的12个国家流通。从那时起，欧元的符号€就为人熟知，但人们并不知道这个欧元符号其实具有一些非常明显的几何特征，它的所有直线和曲线都是非常完美的。你可以在图4–15中看到这些特征。

如图4–15所示，这些角度、线条的倾斜度，以及它的厚度都是完美的。同时，现在你应该也知道了如果想用一种特别精确的方式去构建一个符号的话，必须要用好尺子、圆规和量角器。

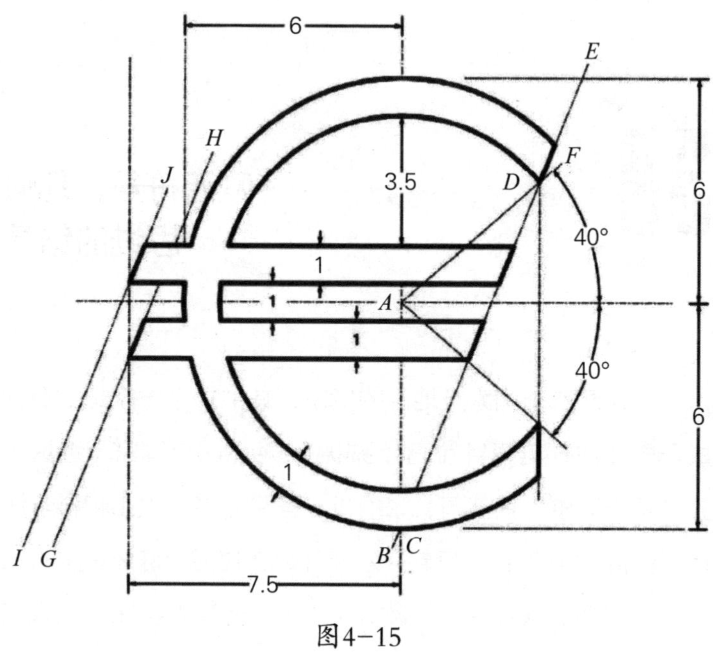

图4-15

40 番外篇：七巧板

这一次我们要展示一些用七巧板做的图形，首先让我们来给你介绍一下七巧板吧。

七巧板是一种古老的中国游戏，即用七块既定的板组成一些图形。组成的任何一幅图都必须满足两个条件：①使用全部七块板；②图形中的任何一块的任何一部分都不能与另一块重叠。七巧板包括五块三角形（三种不同尺寸），一块正方形和一块平行四边形。

这个游戏的起源尚不能确定，但有关七巧板的发明却有不同的故事版本。其中一个版本是，七巧板出现在618年到907年之间，当时恰好处在唐朝（七巧板名字可能源于唐朝）。中国出版物上第一条报道七巧板的新闻出现在19世纪（确切地说是1813年），那时七巧板早已经传播到其他国家。也正是从19世纪开始，美洲和欧洲出版了一些从中文翻译过来的解释七巧板规则的书籍。那段时间，七巧板之谜十分流行，以至于它开始从一个妇女孩童的游戏变成一个受社会名流所喜爱的游戏。

说到关于七巧板的奇闻轶事，我们可以再补充一点，拿破仑在圣赫勒拿岛流亡期间最喜欢的游戏之一似乎就是七巧板。萨姆·劳埃德和路易斯·卡罗也是七巧板游戏的粉丝。目前，用七巧板可以创建超过16 000种图形，七巧板甚至还被应用于心理学、体育、设计、哲学、教育学和数学等。

现在你可以在下面的正方形（图4–16）中找到七个板块，还能看到最下面用七块板拼成的四幅图案（图4–17），你知道怎么拼成这些图案吗？

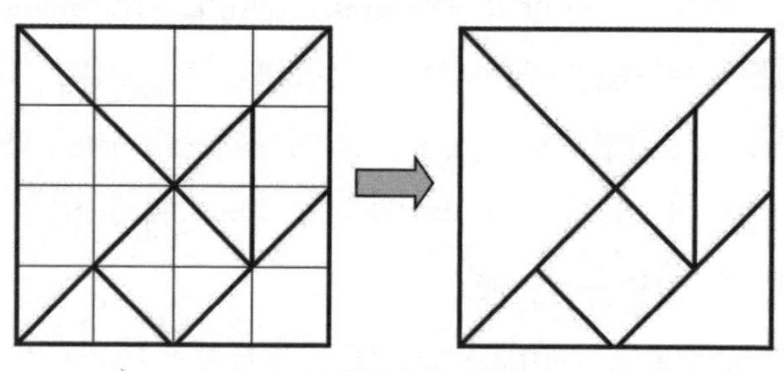

七巧板的七个板块

图4–16

四幅图案

图4–17

第五章

数学及数学家的故事

41 费马大定理：历经三百多年被验证

毕达哥拉斯定理（编辑注：与中国的勾股定理类似）是非常有名的定理之一。这个定理表明，如果一个三角形是（且只能是）直角三角形，那么这个三角形斜边的平方等于两个直角边的平方之和。如果斜边用a表示，直角边分别用b和c表示，那么可以总结成：

如果一个三角形是（且只能是）直角三角形，那么$a^2=b^2+c^2$。

举个例子，如果一个三角形的两条边的长度分别是3厘米和4厘米，另外一条边长是5厘米，那么这个三角形是直角三角形，因为符合$5^2=3^2+4^2$。

众所周知，数学家有无穷的想象力和对知识无尽的渴望，很快就有人提出疑问：是否存在另外的三个数字（跟我们已经发现的3，4和5一样）满足等式$a^3=b^3+c^3$？简单来说，如果n是大于2的自然数，a，b，c是正整数，是否存在任何解决方法使公式$a^n=b^n+c^n$成立？

费马大定理证明：当n大于2时，不存在任何其他的三个数字组合（a，b和c）满足前面的公式（已知当$n=2$时存在）。这个定理被称为费马大定理是因为它是皮埃尔·德·费马在1637年提出的猜想（被阐明但未被验证）。这位“准”数学家在书页边白处写道：“将一个立方数分成两个立方数之和，或者将一个四次幂分成两个四次幂之和，又或者一般地将一个高于二次的幂分成两个同次幂之和（二次方除外），这是不可能的。关于此，我确信已发现了一种美妙的证法，可惜书的空白地方太小，写不下。”这个证法从没出现过，所以不知道这位“准”数学家是否已经思考过，不知道它是否正确，又或许，它只是一座灯塔。

不管怎么样，这句著名的句子在数学家圈子引起了轰动，数学家欧拉、苏菲·姬曼、勒让德、高斯、拉梅、恩斯特·库默尔和狄利克雷等人都曾试图找到这个证法，但是都没有成功。

幸运的是，一个名叫安德鲁·怀尔斯的年轻人十岁时在一本畅销的数学书中看到了这个猜想，他就尝试用所知道的数学知识验证它。这个令人印象深刻的开端让我们思考两件重要的事情：一是理解这个定理的容易性，二是它未来论证者的使命。

随着时间的推移，怀尔斯从牛津大学数学专业毕业后进入剑桥大学攻读博士。1986年，他下定决心，利用所掌握的最前沿的数学思想，竭尽全力向这个证法发起进攻，将彻底“拔除”这根心头刺作为唯一目标。七年的时间里，怀尔斯像着魔一样研究这个证法，所有的工作都由他独自一人完成。因为这个定理太出名了，其他的数学家同样也在探索答案。遗憾的是，1988年3月8日，日本人宫冈洋一比他更早发现了证法。但是，几个月后宫冈洋一的证法被发现有一处错误，怀尔斯可以继续研究了。

一张法国邮票上的费马大定理

图5-1

1993年1月，就在快成功的时候，怀尔斯请系里一个可信的同学尼奇・卡茨检查当时已有的成果。就这样，1993年6月3日怀尔斯到达了自己人生的顶峰：证明了费马大定理！

但是，和上次一样，战斗并没有结束。1993年9月再次发现的一个错误使这个证法失效，七年心血付诸东流。

怀尔斯都已经打算彻底放弃了。1994年9月19日，他对他妻子说:“我知道了，我好像知道了。我找到了！”

这次的结果是正确的。经过七年紧张、艰难、孤独和夜以继日的工作，那个从十岁就开始做梦的数学家，终于实现了梦想，他证明了三百多年来无人攻克的难题!

42 数学语录

显然，数学家并不是提出定理和论证定理的机器，很多数学家会思考他的课程、教学的方式、探究新发现的方法和所做事情的意义。除此之外，他们也会反思与生活相关的事情。有时候这些想法会凝缩成简练的句子，我们称之为“语录”。下面就是一些有关数学及数学家的语录。

用脑学数学，用心教数学。

克劳迪亚·阿尔西娜（1952—），我的老师之一

闻之我也野，视之我也饶，行之我也明。

孔子（公元前551—公元前479）

捍卫你的思考权，因为即使思考错误也好过没有思考。

希帕提娅·德·亚历山德拉（370—415）

数学是心灵的乐章。

詹姆斯·约瑟夫·西尔维斯特（1814—1897)

灵感对于几何学就像对于诗歌一样重要。

亚历山大·普希金（1799—1837）

有两样东西是无限的：宇宙和人类的愚蠢。而对于前者，我不能确定。

想象力比知识更重要。

不犯错的人将一事无成。

想得到不同的结果就不要一直做同样的事。

阿尔伯特·爱因斯坦（1879—1955）

数学不只是对事实和技巧的整合，它是有灵魂的。

米格尔·德·古斯姆（1936—2004）

数学家是这样的人：即使知道金钱、性和权利能让人出名，仍然更愿意投身于数据、表格和逻辑中。

约翰·艾伦·保罗斯（1945—）

数学支撑着我们现在已知的所有科学和技术。

马库斯·杜·索托伊（1965—）

数学是上帝用来书写宇宙的文字。

在科学方面，千人的权威不及一人不起眼的推理。

伽利略·伽利莱（1564—1642）

如果说我比别人看得更远些，那是因为我站在巨人的肩膀上。

艾萨克·牛顿（1643—1727）

不懂几何者不能进我家门。

柏拉图（公元前427—公元前347）

为了你的利益，在任何领域都学习一些；为了别人的利益，至少在一个领域成为专家。

佩里·普格·亚当（1900—1960）

国际象棋比任何科学更接近数学。

阿纳托利·卡尔波夫（1951—）

不要轻视任何人，原子都能制造影子。

你可以帮别人卸下负担，但不要以为你有义务这样做。

毕达哥拉斯（约公元前580—约公元前490）

我在x^2年的时候有x岁。

奥古斯都·德·摩根（在1871年去世，
你知道他出生于哪一年吗？）

上帝创造了整数，其他都是人类的杰作。

利奥波德·克罗内克（1823—1891）

一个人就像一个分数，他的实际才能是分子，他的自我评价是分母。分母越大，分数值就越小。

托尔斯泰（1828—1910）

几何学是一门思考性大于绘画的艺术。

昂利·庞加莱（1854—1912）

43 数学邮票

自电子邮件问世以来，人们写信的次数越来越少，因此邮票的使用也相应减少，但迄今为止，邮票见证了这个世界的发展过程。有很多邮票是用来纪念数学和数学家的，我们来看看其中的一些（图5-2、图5-3和图5-4）。

莱昂哈德·欧拉

费马大定理

卡尔·弗里德里希·高斯

胡里奥·雷耶·帕斯托

图5-2

阿基米德

奥古斯丁·柯西

2000：世界数学年

冯·诺伊曼

查尔斯·巴贝齐

斯里尼瓦瑟·拉马努金

阿尔·花剌子模

戈特弗里德·威廉·莱布尼茨

图5–3

理查德·戴德金

图5-4

44 著名的五位女数学家

如果我们让一个人说出一位数学家的名字，我们可能会听到毕达哥拉斯或泰勒斯。但是，如果要他说出一位女数学家的名字，答案可能只是沉默。

事实上，历史对于女性不太公平（虽然现在情况有所好转），但是确实也有一些著名的女数学家值得我们了解。下面介绍其中的五位。

希帕提娅（370—415）。亚历山大城的哲学家、数学家和天文学家。希帕提娅生活在罗马帝国时期的亚历山大城。当时她是一位有名的教师，教授数学、天文学和哲学，成果颇丰，受人尊敬。虽然她的出生日期不是非常清楚，但她的去世日期却十分明确，她是被一群基督教暴徒谋害而悲惨地死去的。

玛利亚·阿涅西（1718—1799）。意大利数学家、语言学家、哲学家和神学家。1748年，阿涅西撰写了《适用于意大利青年学生的分析法规》，总结了当时零散的数学知识要点。这本书被认为是第一部全面解释微积分的著作。有些人认为，该书是最早的女性作家的数学作品。

索菲·热尔曼（1776—1831）。法国数学家，在数字理论和弹性理论方面有很重要的贡献。由于巴黎综合理工大学不接受女学生，热尔曼只能借助想办法找来的笔记远程学习，最后还不得不使用一个男性名字“安古斯特·拉·白朗”来提交论文。她的论文非常优秀，数学家拉格朗日对她的论文印象深刻，想去认识她。当拉格朗日发现她是一位女性的时候，他向热尔曼表示热烈的祝贺，并预祝她在专业上有所成就。

苏菲娅·柯瓦列夫斯卡娅（1850—1891）。俄罗斯数学家，欧洲大学第一位女教授。1868年，为了能出国读书，她不得不和弗拉基米尔·柯瓦列夫斯基假结婚，并改了姓。数学领域里，苏菲亚在数学分析方面表现出色。

艾米·诺特（1882—1935）。德国数学家，在理论物理和抽象代数领域贡献突出。诺德是20世纪著名的数学家之一。她最重要的贡献在于建立和发展了环、模、理想等代数理论的公理。

45 主要数学符号的来源

像所有的事物一样，数学有它的发展过程，显然，这个过程至今仍没有结束。因此，我们使用的数学符号并不一直都是我们现在看到的样子。接下来，让我们看看目前数学表达中所使用的基本符号的来源（表5-1）。

表5-1

符号	引入者	时间	历史简介
+，−	德国数学家	15世纪末	第一次出现在约翰内斯·维德曼的作品《商业速算法》中
×	威廉·奥特雷德	1631年	符号“×”在刚开始出现的时候受到了莱布尼茨的严重质疑，他提出用点“·”表示乘法
:	莱布尼茨	1684年	之前被用于表示分数，但是除了分数外，莱布尼茨首创用它来表示除法[①]

① 现今一些国家的除号用比号“:”表示，包括西班牙，而我们使用的“÷”是由瑞士数学家雷恩在1659年发明的。

（续表）

符号	引入者	时间	历史简介
=	列科尔德	1557年	列科尔德在《智慧的磨刀石》中写道：没有什么比两条平行线更相等的了
自然指数的幂函数（$\alpha^2, \alpha^3, \cdots$）	勒内·笛卡尔	1637年	虽然笛卡尔在作品《几何学》中引入指数，但是他不用指数2，更喜欢写成$\alpha\alpha$的形式
$\sqrt{}$	克雷斯托夫·鲁道夫	1525年	他是第一个引入根号的人，但没有应用于其他指数
>，<	托马斯·哈里奥特	1631年	大于号和小于号第一次出现在作品《应用于解代数方程的分析技术》中，这本书在哈里奥特去世后才发表
未知数x，y，z	勒内·笛卡尔	1637年	在笛卡尔的作品《几何学》中，字母表的前几个字母被用来表示已知的量，最后几个字母表示未知的量
∞	约翰·沃利斯	1655年	沃利斯在作品《圆锥曲线论》中第一次引入这个表示无穷大的符号
π	威廉·琼斯	1706年	琼斯在作品《数学新导论》中首次使用这个希腊字母表示圆周率，但是在1736年后才经莱昂哈德·欧拉将其推广使用
e	莱昂哈德·欧拉	1736年	尽管欧拉很早就使用这个符号，但是它第一次公开出现是在他1736年发表的作品《力学》中

46 哥尼斯堡的七座桥

哥尼斯堡七桥问题是一个历史性的数学问题，并由此开创了数学的一个重要的分支——图论。

哥尼斯堡是普鲁士（今俄罗斯加里宁格勒州）一座古老的城市，普雷格尔河流经此地，由相连的七座桥连接四个区（图5–5）。据说当地居民在散步的时候，试图从某一个区出发，不重复地穿过七座桥，最后回到起点位置。

在进一步求证之前，你是否能像当地居民那样找到一条封闭的路线，从一个区出发，经过A、B、C和D（图5–6）四块陆地，每座桥（在图中表示为P1，P2，…）只经过一次，最后回到出发点？

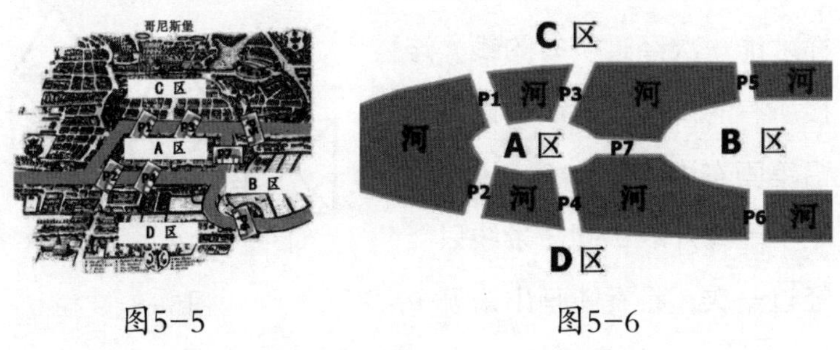

图5–5　　图5–6

你找到路线了吗？如果没找到也不用担心，这很正常，哥尼斯堡的居民也从来没有找到过，因为这个设想根本不可能实现。

1736年，著名的瑞士数学家莱昂哈德·欧拉证明了这个问题，同时开创了数学的一个新分支——图论（信息学、计算科学和电信学的基础）。

欧拉将陆地简化成点，将桥用连接点的线表示（图5–7）。

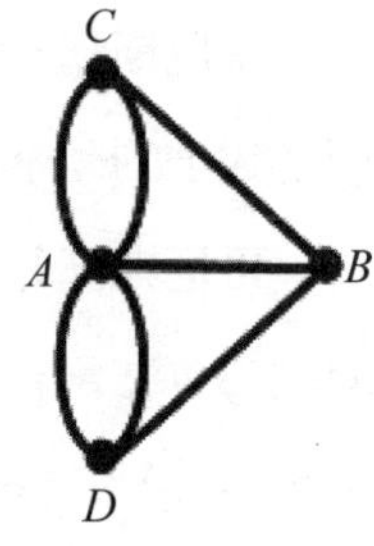

图5–7

欧拉这样认为：必须从每个点进去（A，B，C或D），并且从每个点出去，那每个点对应的线应为偶数（起点和终点除外）。但是，因为在这个问题中起点和终点是同一个点，所以这四个点对应的线都为偶数。如果想到这点的话，你会发现图中所有点连接的线都是奇数，与能够完成这个挑战需要满足的条件恰好相反。因此，哥尼斯堡居民提出的问题是无法解决的。

讲到这里，我们看一看怎样才能一次经过所有的线，连接所有的点。我建议你试试用铅笔画右边的图5–8，过程中笔不能离开纸，同一条线只能经过一次，看看能画出来哪个

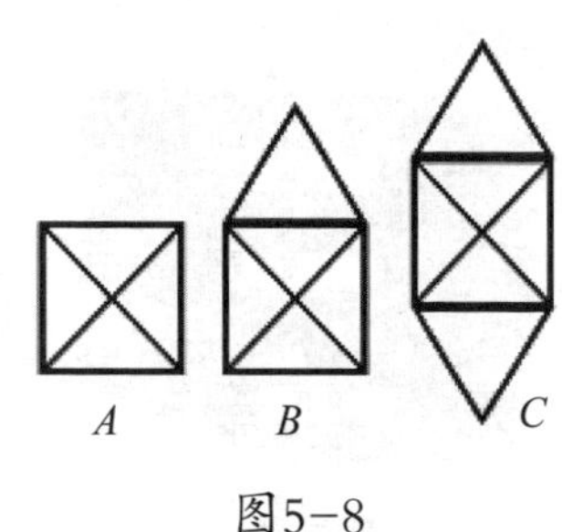

图5–8

图形。试一试，然后就知道哪个是可行的。加油！

最后，要补充的是，任何城市的地铁线路地图都是有点复杂的，不过我们只需关心不同车站之间的连接点，而无需关心车站的距离、大小和路线（因此，地铁线路地图上画的线跟车实际走的路线并不完全一样）。

47 毕达哥拉斯、泰勒斯和其他五位数学家

像在“著名的五位女数学家”一节中我们所说，如果随机找一个人，让他告诉我们一个数学家的名字，他可能会说毕达哥拉斯，还有可能会说泰勒斯。实际上，这两位数学家因为以他们名字命名的定理（虽然不一定是他们的作品）而被人们记住：毕达哥拉斯定理和泰勒斯定理。但是，除此之外就没有其他数学家了吗？答案很显然，肯定有。下面我们来具体介绍。

泰勒斯（约公元前624—公元前547）。首先，我得说明泰勒斯定理（若A、B、C是圆形上的三点，且AC是直径，$\angle ABC$必然为直角）的作者不一定是泰勒斯本人，他也不是第一个证明这个定理的人。米利都的泰勒斯是古希腊七贤之首，他游览了埃及后将数学研究引入希腊，他最大的贡献是用逻辑结构教授数学。

毕达哥拉斯（约公元前580—约公元前490）。毕达哥拉斯是一位希腊哲学家，但是他在数学、天文学和音乐的发展

上做出了重要贡献（虽然对此不是完全确定）。我们现在所知的毕达哥拉斯定理非常出名，甚至比毕达哥拉斯本人还有名。

欧几里得（约公元前325—公元前265）。亚历山大城的欧几里得是古代十分重要的数学家之一。他的著作《几何原本》（共13卷）是一部不朽之作，在2 500年的时间里一直被当作系统化的几何学教材。欧几里得的作品还涉及天文学、光学和音乐领域。

勒内·笛卡尔（1596—1650）。笛卡尔是法国哲学家、数学家和物理学家。他在数学领域最杰出的贡献是在已有的笛卡尔轴线基础上创立了解析几何，从而能够用方程研究几何。据说笛卡尔轴线是笛卡尔躺在床上的时候想到的，他曾思考如何才能根据苍蝇离每面墙的距离，确定苍蝇在房间飞行的位置。

莱昂哈德·欧拉（1707—1783）。欧拉是瑞士数学家和物理学家，是18世纪杰出的数学家之一，也是发表文章和出版书籍非常多的人。欧拉除了引入了大部分的现代数学术语和符号外，还主要研究图计算和图理论。另外，他在机械、光学和天文学等领域也有显著成就。虽然他最后失明了，但是凭借其惊人的记忆力，通过给他儿子口述发现的成果的方式，欧拉仍完成了大量数学著作。

约翰·卡尔·弗里德里希·高斯（1777—1855）。高斯是德国数学家、天文学家和物理学家，他在数学的很多领域都有巨大贡献，比如数学分析、微分几何、统计学、代数、数字理论、大地测量学……高斯对数学领域产生了很大影响，被誉为“数学王子”。关于高斯有一个故事，在他上学期间，一次他的老师累了，为了让学生们长时间保持安静，于是，老师让学生们计算前100个自然数之和。高斯很快发现$1+100=2+99=3+98=\cdots$，也就是说，相当于50个101相加之和。因此，他很快就算出了结果：$101\times 50=5\ 050$。

波恩哈德·黎曼（1826—1866）。黎曼是德国数学家，他在数学分析和微分几何方面的贡献尤为突出。他的名字总是和“黎曼猜想”以及“黎曼几何”这两个问题联系在一起，这两者是理解相对论的基础。

48 最有影响力的数学奖项

你是否曾经思考过为什么没有诺贝尔数学奖，即使数学这门学科如此重要？对此有两个相关的说法，但这两种说法都不可信。其中一个说法是，瑞典数学家米塔格·累夫勒在诺贝尔奖创立之初获得提名，但是阿尔弗雷德·诺贝尔和他关系不好。另一个说法更荒谬，说是因为诺贝尔的妻子和一位数学家心生情愫。正如之前所说，这两种说法都是假的（特别是第二个，因为诺贝尔一生未婚）。有可能是因为诺贝尔不喜欢数学，所以才没有诺贝尔数学奖。实际上，已设立的奖项都是诺贝尔的兴趣所在（可能除了医学），包括物理学奖、化学奖、生理学或医学奖、文学奖和和平奖（1968年以后才有经济学奖）。

因此，数学家们组织设立了类似诺贝尔奖的奖项，以奖励在数学领域有突出贡献的人。在这里我们重点了解其中的两个奖项：菲尔兹奖和阿贝尔奖。

菲尔兹奖。菲尔兹奖在由国际数学联盟（IMU）主办的国际数学家大会（ICM）上举行颁奖仪式，每次颁给2～4

名有卓越贡献、不超过40岁的数学家，每4年举行一次。这个奖项是为了纪念加拿大数学家约翰·查尔斯·菲尔兹（1863—1932）。菲尔兹奖的奖牌为金属材料，价值15 000美元。但是，数学家格里戈里·佩雷尔曼（曾拒绝另一个奖项的100万美元）不止一次表明，数学真正的价值在于发现本身，而不在于名和利。

虽然不是官方消息，但是据说获得菲尔兹奖的最年轻的数学家是让·皮埃尔·塞尔，他在1954年获奖时只有27岁。

图5–9

阿贝尔奖。2001年1月1日（尼尔斯·亨利克·阿贝尔，1802—1829，2001年是这位挪威数学家诞辰200周年），尼尔斯·亨利克·阿贝尔纪念基金设立，颁发阿贝尔奖，表彰在数学领域有卓越成就的人。奖金约为750 000欧元，跟诺贝尔奖非常接近，2003年6月3日第一次颁奖。和菲尔兹奖不同，这个奖每年颁发一次。2015年的获奖者是路易斯·尼伦伯格和约翰·纳什（纳什在1994年已经获得了诺贝尔经济学奖）。

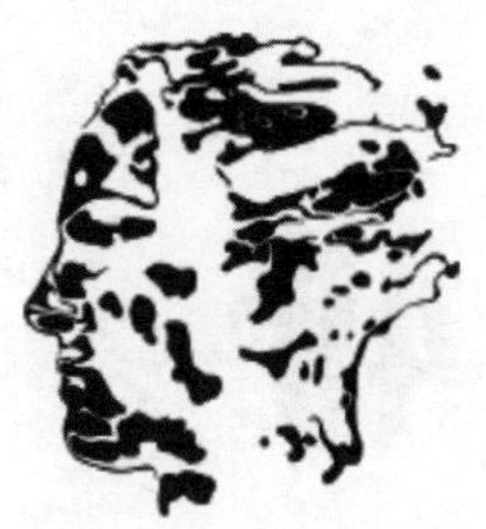

图5-10

虽然上述两个奖项是数学领域十分重要的奖项，但除此之外也有其他相关的奖项，比较有名的是：

内万林纳奖，每4年举行一次，表彰在数学算法方面有杰出贡献的人。

罗夫·肖克奖，每3年评选和颁发一次，包括逻辑哲学、音乐、视觉艺术、数学奖。

沃尔夫数学奖，自1978年起每年在以色列举行一次，通常获奖者为2人。

49 数学和数学家的轶事

一直以来，数学家就给人不合潮流、专注于自己的任务、无视世界其他任何动静的印象。这种印象不管是真是假，都使他们成了一些有趣故事的主角。下面我们来看几个小故事。

哈代对坐船的恐惧。数学家哈代，除了是无神论者，还对坐船有很深的恐惧。为了克服恐惧心理，在登船之前，他发了一份电报称自己已经证明了一个重要定理，实际上他并没有证明。他这么做的令人匪夷所思的理由是如果他死了，全世界都会相信他证明了这个很难的定理（而上帝不会把这个荣誉送给他）。

哈代看望拉马努金。拉马努金（自学成才的著名印度数学家）在住院的时候，哈代去看望他。为了打破尴尬，哈代说他来时乘坐的出租车车牌号数字是1 729，这个数字很无聊。拉马努金马上说这个数字不管从哪方面看都不可能是一个无聊的数字，在可以用两个数字的立方之和来表达，并且有两种表达方法的自然数中，1 729这个数字是最小的。是真的，$1\,729 = 1^3 + 12^3 = 9^3 + 10^3$。你看数学家对事物的关注点多奇怪。

伽罗瓦的故事。埃瓦里斯特·伽罗瓦（1811—1832）在数学领域占有一席之地，另外，他的出生年份和去世年份并没有写错。他的一生像电影一般，因为他要参加一场决斗，在决斗的前一晚上他就知道了第二天会死，所以他将所有数学成果写了下来。直到1843年人们才理解他的数学笔记，从而发现伽罗瓦的独创性。

保罗·厄多斯。保罗·厄多斯（1913—1996）是史上最古怪的数学家，他不在乎物质上的财富（金钱或奖品）。在很多年间，厄多斯都像一个没有家的流浪者一样，住在他的数学家朋友们的家中。当被人礼貌地请求离开时，他再自觉地搬到另一个朋友家。厄多斯相信，上帝的手中有一本书，书中记载了所有数学定理最精妙的证明。厄多斯和很多数学家、朋友和同事合作发明了“厄多斯数”：厄多斯本人的数字是0，其他任何跟厄多斯合作的人的数字是1，和数字为1的人合作的人的数字是2，依此类推。比如，著名的推广者克劳迪·阿尔希那和厄多斯的一个合作伙伴合作过，所以克劳迪的数字是2。

洛必达法则不是出自洛必达。一些大学生学习洛必达法则来解决极限的未定式问题，但是我们要声明洛必达并不是这个法则真正的发现者。洛必达是一位侯爵（他虽然不是洛必达法则的作者，却是一位优秀的数学家），他在作品《无限小分析》中公布了这个法则，不过现在人们已经发现这项成果真正的作者是约翰·伯努利。伯努利和洛必达侯爵曾经约定，伯努利要将自己对新计算方法（微分计算）的研究成果都告诉洛必达。类似的事情也发生在很多其他研究成果、发明和发明者身上，就此而言，历史不是很公平的。

数学发现比金钱和名誉更重要。数学家格里戈里·佩雷尔曼在2002年证明了庞加莱猜想，这个猜想在100多年的时间里都无人能证明。佩雷尔曼凭借这个成果获得了2006年菲尔兹奖（数学界的诺贝尔奖），并且他因为解决了一个千古难题而在2010年获得100万美元的奖金。然而，佩雷尔曼既不想领奖牌也不想要100万美元的奖金！他坚定地说，如果证明是正确的，那他不需要其他的认可。

现在你已经看到了数学家的古怪之处，在某些情况下，他们确实是这样。

50 番外篇：智力问题Ⅲ

下面我们看一些智力问题放松一下。你能解决下列问题吗？

a）消失的1欧元

三个朋友在酒吧相聚，离开之前，他们问服务员消费了多少钱。服务员告诉他们30欧元，他们就付了30欧元，正在要离开的时候，店主把服务员叫到跟前说：

“我算错了，这三个客人一共消费25欧元，得还给他们5欧元。”

这个服务员很聪明，想着5欧元三个人没法分，就决定自己留2欧元，只给三个客人退3欧元。这样，每个客人支付了$10-1=9$（欧元）。三个人共支付$9\times3=27$（欧元），加上服务员留下的2欧元，一共是29欧元，你知道消失的1欧元在哪吗？

b）下雨的夜晚

现在是晚上12点，正在下雨。你能告诉我在120个小时后会出太阳吗？

c）角

你知道在12点15分的时候，表的指针组成的角度吗？请注意问题可没看起来那么简单。

d）新电脑

有一天我去买一台新电脑，电脑屏幕上出现“请输入密码”。由于我不知道密码是什么，我就输入了脑海中第一时间出现的：我的名字。之后屏幕自动出现了“密码错误”，并且阻止了我的进入。接下来我又试了两次，包括店名和我的身份证号码，但不管怎样都出现同样的“密码错误”。你知道密码是什么吗？

像之前我建议的那样，请尝试着自己找出答案。如果有必要也可以先休息几天再看这些问题。只有在你确定已经尽力还是找不到答案的情况下，再往下看。

答案：

a）消失的1欧元

这个解释不正确。我们不能将2欧元和他们支付的27欧元加在一起，因为27欧元已经包含了服务员留下的2欧元。27欧元分成两部分：给酒吧的25欧元和服务员的2欧元。这样就刚好了！

b）下雨的夜晚

120小时后不可能出太阳，因为那时是晚上12点！

c）角

时针每小时转动360 ÷ 12 = 30°，那么，每15分钟转动7.5°。所以，时针和分针组成的角是90° − 7.5° = 82.5°，不是开始看起来的90°。

d）新电脑

答案很明显。答案是“错误”。电脑自己已经告诉我们了。

第六章

概率和统计学让你致富

51 西班牙国家彩票、欧洲百万彩票、西班牙足球彩票以及西班牙圣诞节的大胖子彩票，哪一个更能赚钱？

概率游戏的种类繁多。如果计算一下期望值（通过游戏获得的平均收益），这个值总是负的。也就是说，在所有的概率游戏中，不玩比玩要好得多。但我们在生活中并不是所有行动和决定都受到数学的影响，有时我们会被另一个非常重要的因素——幻想——影响。

好吧，就让我们幻想一下，一起分析看看参与以下哪个游戏更有可能获得一等奖：西班牙国家彩票、欧洲百万彩票、西班牙足球彩票和西班牙圣诞节的大胖子彩票。

西班牙国家彩票。这个彩票要求从1～49的范围内选择6个不重复的号码。组合数学作为数学的一个分支，可以用来研究这6个数字有多少种组合方式。可以得出的是，一共有13 983 816种不同的方式。所以，我们挑选的数字组合恰好中奖的可能性是$\frac{1}{13\,983\,816}$，也就是0.000 007 15%。

欧洲百万彩票。这个彩票要在1～50之间选出5个不重复的数字，以及在1～11之间选出2个不重复的数字。可以计算出前5个数字有2 118 760种不同的组合方式，后2个数字有55种不同的组合方式。这样共有116 531 800种可能的组合。所以，我们获奖的概率就是 $\frac{1}{116\,531\,800}$，也就是0.000 000 858%。

西班牙足球彩票。西班牙足球彩票是要在15场比赛中猜对主客场哪一队能赢得比赛或者比赛是否平局。每一场球赛的结果只有三种可能（主场球队赢，平局，客场球队赢）。所以，就第一场比赛来看，仅仅只有3种可能的结果，第二场比赛会增加3种，第三场比赛再增加3种，之后逐步递增。总之，会有$3 \times 3 \times \cdots \times 3 = 3^{15} = 14\,348\,907$种结果。这样，我们恰好中奖的概率就是 $\frac{1}{14\,348\,907}$，也就是0.000 006 97%。

西班牙圣诞节的大胖子彩票。大胖子彩票的计算就简单很多。我们只要选择一个5位数的数字（00000也包括在其中），也就是在100 000种可能中我们有一种可能中奖，即中奖的概率为1/100 000 = 0.000 01 = 0.001%。

说到这，我们可以将这几个概率游戏按照中头等奖的概率从大到小来排列一下：西班牙圣诞节的大胖子彩票、西班牙足球彩票、西班牙国家彩票和欧洲百万彩票。

这是否意味着我们可以不用玩其他的彩票而只玩西班牙圣诞节的大胖子彩票？

显然不是，因为除了获奖的概率之外还有很多其他的重要因素会影响我们的选择。比如，每个游戏的奖励是不同的，因此，可能的收益会弥补中奖的低概率。

同样我们也要考虑到在西班牙足球彩票、西班牙国家彩票和欧洲百万彩票中，如果中奖的人数超过一人的话，奖励是要在这些中奖者之间平分的，但西班牙圣诞节的大胖子彩票就不会发生这种情况。最后一个事实就是，选择一些简单的数字组合（不那么出乎意料）或者规律的组合（例如1，2，3，4，5，6）比随机选一个数字中奖的可能性更大。

所以，如果有人在读完这一节之后想要暴富的话，我会很遗憾地告诉他，他还是得继续尝试“传统方法”：凭运气。虽然，我们总是有幻想。

52 生日悖论

假设我们在一起聚会的人有30个，其中有两个人的生日是同月同日。这的确太巧了！在一年的365天中，有两个人竟然在同一天出生！但是，这真的只是一个巧合吗?

为了回答这个问题，我们要计算一下这30个人中，两个人或者三个人同一天生日的概率。

直接得出这个概率并不容易，所以我们决定计算一下不会发生这样的巧合的概率，这可容易得多。也就是说，我们不去研究某个事件的概率，而是研究其相反事件的概率。举个例子，如果我们得出的相反事件的概率是80％，那我们想要计算的事件的概率实际上就是20％。

第一个人可能在365天中的任意一天出生，而且因为是第一个人，所以他的生日不会与任何其他人重合。第二个人为了不与第一个人出生在同一天，就只剩下364天。第三个人为了不与前两个人重合就只有363天，依此类推。因此，我们得出:

$$P(\text{没有重合})=\frac{365}{365}\times\frac{364}{365}\times\frac{363}{365}\times\cdots\cdots\times\frac{336}{365}\approx 0.293\,7。$$

这样的话，P（至少有两个人生日重合）= 1 – 0.293 7 = 0.706 3。

总结一下，在一场30个人的聚会中至少有两个人同一天生日的概率是70.63%，也就是说，这并不是一个巧合，而是一个纯粹的概率！

这个问题特别有名，甚至还有一个名字——生日悖论。在表6–1中，你可以看到不同人数基数下至少有两个人生日重合的概率。另外，还有一个有关此概率的图（图6–1）。

表6–1

人数	概率
5	2.71%
10	11.69%
20	41.14%
23	50.73%
30	70.63%
40	89.12%
50	97.04%
57	99.01%
100	99.999 98%

即使解释了计算过程并以图表的形式展示了结果，但是依旧有很多人表示对这个结果难以置信。因此，我分析了在2014—2015赛季联赛中取得冠军的皇家马德里队的23名球

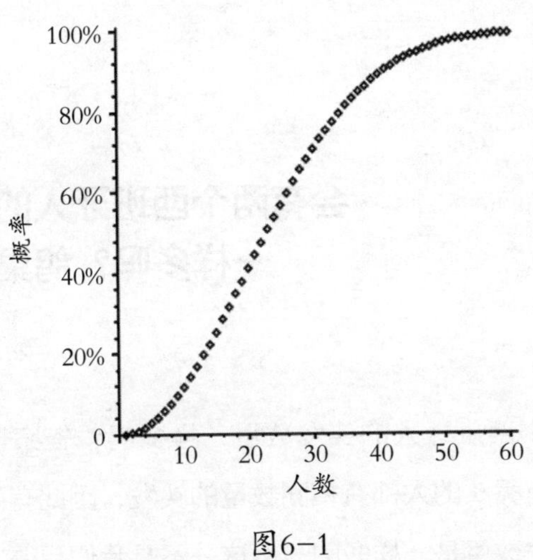

图6-1

员的出生日期，得出的数据证实了这一计算结果。赫塞·罗德里格斯和佩佩的生日都是2月26号。

另外还有一个重要的数据需要大家注意：皇马大约 $\frac{2}{3}$ 的球员生日在上半年，而只有 $\frac{1}{3}$ 的球员生日在下半年。这是另外一个巧合吗？当然也不是！

53 会有两个西班牙人的头发一样多吗？鸽巢原理

会有两个西班牙人的头发数量一样多吗？答案显然是肯定的：所有秃头的人都有相同数量的头发，因此有两个以上的人的头发数量是一样多的。但这并不是我们想得出的结论。事实上，我们想要做的是研究所有西班牙人头上的头发数量是否都不同。

在西班牙，大约有46 500 000位居民。我们知道一个人的头上最多有大约200 000根头发。假设所有人的头发数量都不相同，根据他们的头发数量多少来进行排列：第一个人的头上有1根头发，第二个人有2根头发，依此类推到第200 000位居民，他的头上会有200 000根头发。但是剩下的46 300 000位居民怎么办呢？他们的头上不会再有新的数量的头发，因为数量已经被"限制"了。这样就没有别的办法，势必有一些数字会重复。也就是说，我们刚刚已经证明，至少有两个西班牙人的头发数量相同。

上述推理在数学中是非常有用的，它也有自己的名字，它被称作鸽巢原理或者狄利克雷抽屉原理。第一个名字来自一个事实，就是如果鸽子数量多于鸽巢的数量，那很明显某些鸽巢里面肯定不止有一只鸽子。

当然，这个原理的建立并不是为了证明至少有两个西班牙人的头发数量相同。其实，它是用来证明其他一些结果的，例如：

（1）如果在一个边长为3个单位的正方形内标记10个点，总会找到2个距离小于1个单位长度的点。

（2）在一次6个人的聚会中，要么3个人彼此了解，要么3个人彼此不认识。

（3）如果要把100幅画分装在14个包裹中，至少有2个包裹里面的画的数量一样多。

在计算机科学领域中，这个原理同样十分有用。

最后，我们要讲一个故事，这个故事看起来与鸽巢原理相矛盾，而你的任务就是找出哪里缺少了论据。

有一天，一家只有15间客房的小酒店已经住满了人。黎明时分，来了一位旅客，想要订房间。这个酒店的前台为了多赚一笔小费，他做了以下的事情：他暂时把这位旅客放在1号房间，这样就使得1号房间里面留有2位旅客。再让3号房间的旅客搬到2号房间，这样3号房间就空出来了。接着把4号房中的旅客安置在3号房间中，依此类推，直到15号房间的旅客搬去14号房间，这样15号房间就被空出来了，新来的这位旅客就可以从之前共享的1号房间去到15号房间。所以，每一位旅客都能单独拥有一间房间，而这位酒店前台接待员也能如愿多赚一笔小费。

你看出问题出在哪了吗？

54 蒙提霍尔问题：一辆车和两只山羊

我给你推荐一个游戏，通过这个游戏你可以赢得一辆最新款的汽车或者一只山羊（想必你肯定想赢得一辆汽车而不是一只山羊）。这个游戏要求你站在三扇门前，其中一扇门后有一辆汽车，而另外两扇门后则各有一只山羊。我会让你选择一扇你想要打开的门，一旦选择了，那很明显另外两扇门就不能选了，而且这两扇门中至少有一扇门的后面是有一只山羊的。为了让这个游戏更加刺激一点，我会打开你没有选择的两扇门中的一扇，而且是一扇其后有山羊的门。在我打开这扇门给你看了山羊之后，我会再给你最后一次机会。你可以选择继续留在你最初选择的门前，也可以改变你的初始选择而来选择这扇依然关闭但你并没有在一开始时就选择的门。你会怎么做？无论你是坚持自己最初的选择还是改变选择，似乎很明显，有两扇门的时候，你赢得汽车的概率都是50%，所以你改不改变选择都无关紧要。你同意这个观点吗？

尽管不能完全反对直觉，但改变选择的门确实要好得多。接下来，除了向你介绍此问题的起源之外，我会跟你解释一下为什么要这样选。

1990年，克雷格·惠特克通过写信把这个问题寄给了《展示杂志》玛丽莲·沃斯·莎凡特（美国作家、专栏作家，曾凭借228的智商被评为世界上智商最高的人，正常人的智商约为100）的专栏，希望这位绝顶聪明的专栏作家能够给他解释一下哪个是更好的选择：改变选择的门，还是坚持最初的选择，还是都不重要。

在继续往下说之前，我先要说明一下这个问题之所以叫做蒙提霍尔问题是为了纪念经典的电视节目《一锤定音》的主持人，这个节目的内容形式非常类似于我们上面所说的情形，除了没有山羊。

沃斯·莎凡特女士非常正确地回复了：改变选择要比坚持初始选择好得多。但是她的回复却引起了很大争议，很多大学教授写信批评了她的这个答案，而且说她没有数学知识，说她彻底地干了件蠢事。但其实她并没有错，她是有道理的，改变选择的门确实要比不改变好得多。让我们来看看为什么。

在进行初始选择时，你有 $\frac{1}{3}$ 的概率选择到正确的门，也就是说，这三扇门中间你只有一次机会能选中正确的门。如果之后你决定不换门，那么赢得汽车的概率将保持不变，即33.33％。

相反，如果你决定换门，你只会失去你开始可能拥有的一次机会。也就是说，在你改变选择的情况下，你只会失去三次赢得汽车的机会中的一次，换句话说，你将会获得三次中的两次（66.67％）赢得汽车的机会。

除了这个理论解释之外，还可以进行模拟实验。事实上，我已经在课堂上和我的学生一起完成了这个实验。我把学生分成两个小组来进行模拟比赛，一组10次每次都更换门，另外一组10次都不更换门。模拟结束后再把全班的结果汇总，可以发现实验的结果非常接近理论的结果，从而验证了我们的推理。

所以如果下次有人跟你玩这个游戏，你想都不用想就可以换门了。

最后，我只想说这个问题现在已经是一个非常有名的问题了，而且也已经成为很多书籍（《深夜小狗神秘事件》《独爱数字的男人》）、电影和电视剧（《老友记》《数字追凶》《二十一点大玩家》）的参考。当然如果你还不相信这个结论，也可以在网上找到很多的模拟实验，凭借这些实验，最终你一定会说服自己。

55 数学会撒谎：墨菲定律

你可能听说过这种类型的墨菲定律：凡是可能出错的事就一定会出错；只要东西坏了，就会在最糟糕的时候坏掉；永远不要是第一个，永远不要是最后一个，也永远不要去做志愿者；排队的时候另一条队伍总是前进得更快一些；黄油面包掉落在地毯上的时候，永远是抹黄油的一面着地。

有时候我们之所以感觉发生了墨菲定律是因为我们只关注那些已经发生了的糟糕情况，而没有关注那些好运气降临时的情况。也就是说，比起幸运的事，我们更容易感受到负面情况（例如上面所说的黄油面包掉在地毯上，正因为是掉在地毯上，所以结果很糟糕）。

但是，有时候数学和物理会帮助我们来解释这些事情为什么会发生，而且会告诉我们哪怕墨菲定律非常幽默有趣，它也和发生的事情没有关系。

事实上，物理学（借助数学）已经研究过一块黄油面包是如何从桌子上掉落到地上的，并且也已经证明涂抹黄油的那一面是否着地是由桌子的高度决定的。因为涂抹黄油的那一面比另一面要重，所以当面包开始掉落的时候它自己就会开始翻转，当它到达地面的时候，它已经完全转过来，使得涂抹黄油的那一面朝向珍贵的地毯。但如果桌子更高，面包会继续翻转，它就不会以之前讲到的方式掉落，而是会转一个完整的圈，这样就不会弄脏地毯了。因此，黄油面包问题更确切地说其实是一个关于重量、转向和数学方程的问题。

超市排队其实也是数学中的一个概率问题。如果有5个不同的收银台，随机选择其中的一个，那么有1/5的概率选中进展最快的那支队伍。但是，不幸的是，有4/5的概率会看到非选中的另一个队伍进展更快。

最后，在高速公路开车总觉得自己所在的车道更慢也能用数学解释。通常来说，最慢的车道也是车辆更多的车道。所以，我们更有可能是在慢车道而不是在快车道行驶……

总而言之，大家还是会继续笑着重复说自己碰到的事情是因为墨菲定律。“我只有今天没有做完作业，你恰好就来检查了……”我的很多学生都这么说，尽管他们知道这只是一种主观感觉或者只是一个简单的数学问题。

56 需要购买多少张贴纸才能集齐整本贴纸集？

孩提时候，亦或者是青少年时期，我们都收集过贴纸。购买贴纸，粘贴在册子上，集齐整个系列的贴纸真是一个小小的挑战。但是，你有没有停下来想想需要购买多少贴纸才能集齐整个系列？虽然看起来不可能，但其实这个数量也是可以计算出来的。

算出一个不是很复杂的概率和数学期望值，就可以得到一个为了集齐由N个单位组成的册子集而必须购买的贴纸的平均数量是：

$$N\times\left(1+\frac{1}{2}+\frac{1}{3}+\cdots+\frac{1}{N}\right)\approx N\times[0.577+\ln(N)]$$

这个公式反映了一个事实：起初收集贴纸的时候会比较容易，但是之后收集贴纸会越来越难。

在继续往下讲之前，我们还需要说明一点，为了进行这个计算，需要把每个贴纸的生产比例看作是一样的（虽然有时候并不是一样）。

由于这个公式可能看起来有点抽象，我在这里做了一个表格（表6–2），你可以在这个表格中找到集齐不同数量贴纸集所对应的需要购买的贴纸数量。

表6–2

贴纸集的贴纸总数量	需要购买的贴纸数量
10	29.29
20	71.95
30	119.85
50	224.96
60	280.79
80	397.24
100	518.74
150	838.68
200	1 175.61

这样的话，如果想完成一本50张贴纸的册子，你需要购买225张左右的贴纸。

同样，如果对于M个朋友来说，要让他们所有人都集齐整个系列，相互间可以进行交换，最终需要购买多少张贴纸也可以用另一个相似的公式计算得出，此处不展开讲解。

57 佩拉约一家人怎么在赌场赢钱

在我当数学老师的这些年里最常听到的问题就是：“这个有什么用？” 我总是尽我所能地解释说数学能让这个世界运行得更好，但是在我解释之后总有学生持怀疑态度地问道：“好吧，但是这一切对我有什么用？” 我能给他的最强有力的理由就是，如果他能学会自己思考，变成一个拥有批判性思维的人，能总是问一问自己事情为什么是这样的，那他将会过上更好的生活。如果这一切理由还不够的话，那接下来的这个故事，很不幸，将会给出一个毋庸置疑的理由：经济理由……

故事开始于1991年年底，贡萨洛·加西亚·佩拉约组织他的所有家人一起把数学应用到赌场去赢钱。

贡萨洛·加西亚·佩拉约是音乐剧制作人、电影导演、电台播音员，他认为轮盘赌不可能是完美的。因为它们是一些实实在在的物体，不是虚构的，所以不管它们做得有多好，还是不可能完美，那么对于所有这些数字而言，每一个数字出现的概率就不是完全一样的。如果有人能够确定最频繁出现的数字（即使差异很小），那就只要专注于押注这个数字，然后等待即可。

贡萨洛·加西亚·佩拉约就是这么做的。他把全家人都组织起来，让他们整天整天地去记录每一个赌桌所获得的结果，然后对所有的数据进行数学分析，从而获得他们应该下注的数字。

鉴于数学从来不说谎，最终他们的这个努力从一开始就见效了。在1992年的夏天，他们赚得了7 000万比塞塔（40万欧元），但是后来人们发现了他们的操作，就拒绝他们进入西班牙的赌场了。他们坚持认为自己的方式并没有违法，所以他们去了拉斯维加斯、澳大利亚、奥地利、丹麦和荷兰的赌场，赚了不止150万欧元，每当被发现的时候，他们就会开始各种冒险的生活。

最后，我还要说明一下，2004年最高法院判决西班牙的赌场再次向他们打开大门，因为使用数学分析并不是作弊！但不幸的是赌场已经采取了措施，让他们不能够继续使用之前的方法了。

如果你喜欢这个故事，还想了解更多细节，你可以阅读《佩拉约一家的奇妙故事》这本书，或者可以去观看电影《佩拉约一家人》。

58 用一块不公平的硬币怎么能实现公平呢?

正如你所知道的那样，一场足球比赛开始之初会抽签决定谁来开球，谁来守球。抽签的时候，裁判会向空中抛起一枚硬币，根据硬币正面朝上还是背面朝上来决定分边。但是，如果裁判的硬币是不均等的，那正面和反面出现的概率是不一样的。那还能用这枚不公平的硬币来实现公平的抽签吗?

答案是肯定的，让我们来看看如何做到这一点。

假设硬币正面（C）出现的概率为p，那么反面（X）出现的概率就是$1-p$（因为正反两面出现的概率之和总是为1）。同样，当这个硬币均等的时候，我们也不能使用跟裁判一样的机制，因为这两队队长之间有一个将会有优势。为了解决硬币不均等的问题，我们做了如下的事：掷硬币2次。如果出现（C，C）或者（X，X）， 我们将重新开始；如果出现（C，X），两个队长中的第一个队长获胜；如果出现（X，C），那第二个队长获胜。通过这种方式，即使硬币不均等，但也是公平的，因为这样出来（C，X）的概率是

$p\times(1-p)$，而出来（X，C）的概率是（$1-p$）$\times p$，可以看出这两个概率是相同的，所以问题就这样解决了。

在结束之前，趁着正在谈论硬币和概率的事情，我们还可以做更多一些的思考。

假设你将一枚完全均等的硬币（正反面出现的概率是一样的）抛了10次，这10次全部都出现了正面，那么如果你再多扔一次就很有可能会出现反面了，因为连续11次都出现正面的概率非常低了（事实上的概率是 $\frac{1}{2\,048}$）。你认同这一点吗？肯定没有，因为它是不对的，无论正面反面之前是否出现过，下一次它们出现的概率都是一样的。很明显，硬币不会记得它之前10次做过的事情，因为硬币是没有记忆的。所以，第11次出现正面和反面的概率都是 $\frac{1}{2}$。

一个类似或者恰恰相反的事例就是彩票中奖。当某一家店开出大奖的时候，很多人都决定去那里买彩票，并且希望能够中到大奖，因为这些人想的是去到那里一定会碰到好运。而另外一些人则认为此刻这家店的中奖概率比其他店的都要低，因为大奖很难两次花落同一个地方。这个理由对吗？继续在这家店买彩票中奖的概率更大、更小还是一样呢？答案就是：如果所有的彩票店都售卖同样数量的彩票，无论这家店之前有没有开出过大奖，它和其他彩票店中奖的概率都是一样的。

但是，现实中为什么有些店的中奖概率要大于其他店呢？难道在某一家店买彩票比在别的店买彩票更容易中奖？

幸运的是，我们在街角的彩票店买的彩票跟我们去常开出大奖的“黄金女巫”店或者“曼诺丽太太”的店里买的彩票赢得头奖的概率是一样的。之所以有些彩票店开出了更多的大奖，是因为他们比别的店卖出了更多的彩票。显然，如果你买的彩票越多，你中奖的概率越大。同样，在巴塞罗那或者马德里开出头奖的概率会比在诸如休塔德利亚德梅诺尔卡这样的小村镇开出头奖的概率要高很多。

总而言之，如果你想继续在知名的彩票店排队买彩票的话，也可以继续这么做下去，但是你要非常清楚，彩票并不认识什么女巫也不认识什么曼诺丽太太。

59 统计数字，怎么客观地撒谎？

世界上有三种谎言，分别是谎言、该死的谎言和统计数字。

——马克·吐温

人们经常会完全信任统计数字或者说统计数学，认为可以从这些数据中得出完全客观的结论来解释我们周围的世界。但事实并非总是如此，因为很多时候，人们都是用一种他们认为更合适的方式来呈现或者诠释所获得的结果，以便用片面的信息来煽动读者，或者故意按照设定的结论来引导读者，让读者没法注意到更多的细节。从本质上讲，他们并没有欺骗的行为，但是他们把所有的数据都放在我们手边，试图让我们自己欺骗自己。

在开始分析这些陷阱之前，我们必须记住，恰恰是中学教育培养了人们基本的批判性思维，让人们能够理解和分析信息而不至于上当受骗，而这也是我们无法被剥夺的权利之一。现在，我们来分析一下这些陷阱。

个人自愿的统计。有一些自愿统计，例如在互联网上回答问题、拨打免费电话或寄送信件等，这些统计只是涵盖了那些态度坚决、意见明确的人，而这些人很有可能不能代表所有人。一个人不想参与调查问卷，说明这个人跟其他人不一样，但不管怎样，他们的看法永远都得不到反映。

小样本。选取数量太少的样本是不对的，因为这样得出的结果可能过分依赖于我们调查的少数人的意见。

有倾向性的图表。统计图表是引导读者看法的另一种方式。选择合适的比例可以得出一些结论或者相反的结论。例如，在图6-2、图6-3两幅折线图中，呈现的是相同的数据，只是纵坐标的刻度不同，但是给人两种不同的印象。

在使用象形图的时候，类似的情况也会发生。如果使用二维或三维的物体，例如盒子、钱袋、圆圈等，那么大家必须记住，圆的半径乘以2，则其面积应乘以4，一个球体的半径乘以2，则其体积大小应乘以8。

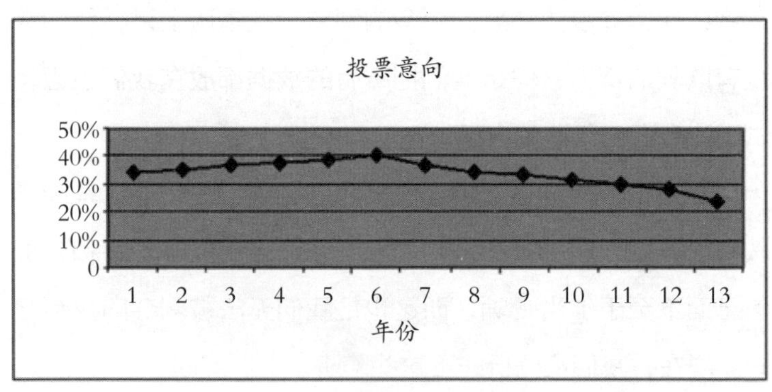

图6-2

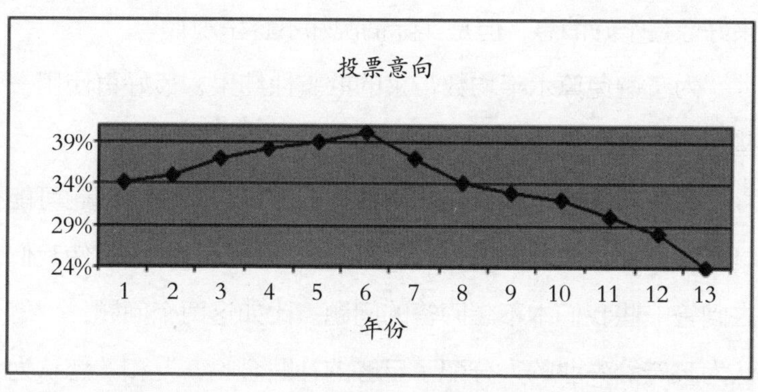

图6-3

算术平均数。算术平均数是一个很容易计算的常规参数，但是如果参数设置得不合适就会造成欺骗性的结果。我们来看两个例子，一个特别明显，一个相对来说不那么明显。第一个例子，假设在一家公司，老板每月收入20 000欧元，4个职员每人800欧元。如果我们说这家公司5个人的平均月薪是4 640欧元，我们并没有撒谎，但是我们确实没有如实地传递出这家公司的真实情况。

另外一个例子发生在经济危机期间，被用来为一些站不住脚的事辩护，现在想来还让人记忆犹新。想象一下，在一个村子里只有5个人工作，其中4个人每个月收入1 500欧元，另外一个只有600欧元。如果计算一下，就会得到该村子里工作居民的平均月收入为1 320欧元的结论。假设收入最少的那个人被解雇了，那么工人们的平均月收入就是1 500欧元！也就是说，工人们的平均月收入反而增加了！如果人们只是告诉我们，这个村子里工人的平均收入增加了，看起来好像是个好消息，但是实际情况却不容乐观!

为了避免算术平均数带来的欺骗性结果，最好再使用一些别的参数，例如中位数或者标准差。

有倾向性的问题。在收集数据的时候，某一些问题可能具有倾向性，也就是说，人们可能变换提问方式来迫使我们去回答一些我们本不想回答的问题。比如这两个问题："您认为政府给失业的人分配了足够的补贴金吗？"和"您认为政府给失业的人提供了足够的帮助吗？"这两个问题的答案在数据上和意义上都可能随提问方式的改变而改变。

如果问题不止一个，那么提问的顺序也会对答案产生很大的影响。

其他问题。一些十分常见的错误可能会混淆相互关系和因果关系（也就是说，两个相互关联的事件中一个事件不会引发另一个事件）或者会用绝对性的数字代替相对性的数字。事实上，仅因为男性开车发生交通事故的绝对数量远大于女性开车发生交通事故的数量就认为女性的开车技术比男性的开车技术更好，这很明显是错误的（开车的男性数量远多于开车的女性数量）。

另外一个错误就是人们认为小数点越多的数字看起来比整数数字表达的结果更精确。

为了让我们避开这些"陷阱"，唯一的解决办法是教育，教育会教给我们阅读、分析的能力，从而使我们减少上当受骗的次数。

60 番外篇：修道院的疾病问题

在这一章的番外篇中，我们要解决一个经典问题，问题如下。

在一个有很多僧人的修道院中，一种可怕的疾病蔓延开来，疾病症状表现为被感染的僧人的额头上都会出现一个红点。这种疾病没有传染性，也就是说患了病的僧人不会传染给其他健康的僧人。只有那些完全确定自己生病的僧人才能离开修道院，并且他们必须在发现病情的那一刻立即离开。这些僧人有点特别，他们发誓禁语，即任何时候都不能以任何方式与他人交流。事实上，人们每天只能在午餐的时候看见他们一次，而且午餐的时候他们也不会与其他人沟通。

有一天，一位医生在午餐期间到达修道院，他跟他们说道：

注意啦，在这个修道院里至少有一个病人。所有感觉到自己生病的僧人都应该在发现病情的时候马上离开修道院。

在医生到达的第三天的午餐时间，一些僧人不见了，因为他们判断自己已经生病了。

你知道在那天午餐期间有多少僧人不见了吗？最重要的是，他们怎么能够精确地判断出自己生病了呢？

注意：他们无法通过任何物品看到自己的症状。

你要好好思考一会儿这个问题的答案了。如果你思考了很久还没有找到答案的话，你可以看下面的参考信息。

参考信息：如果只有一个僧人生病，那他需要等到第三天午餐的时候才知道自己生病吗？为什么？他是什么时候发现自己生病的？当你回答出这个问题的时候，你再问问自己是否只有两个生病的僧人……

答案：注意啦！接下来你会看到答案，但是只有当你十分确定不管用什么方法都无法自己得出答案时，你才可以来参考我们的答案。

正如我在参考信息里面说到的，不可能只有一个生病的僧人，因为在第一天午餐的时候，这个生病的僧人看到没有别的同伴生病，但是医生又跟他们说至少有一个病人，所以他就能判断出生病的人就是自己。

现在假设恰好有两个生病的僧人，A和B。僧人A会看到另外一个感染的僧人B，但是第一天午餐的时候他并不知道只有他看到的那个僧人生病了还是他自己也生病了。如果在第二天的午餐时间，僧人A看到僧人B还没有离开修道院，那僧人A就会意识到僧人B也看到了他的症状。这样的话，在第二天的午餐时间，这两个人就都能意识到自己生病了。

最后，同理，如果只有三个生病的僧人，他们要等到第三天的午餐时间才能百分之百确定他们自己生病了，毕竟可能会有两个或者三个病人。如果在第二天的午餐之后，两个生病的僧人还留在修道院的话，那就可以确定有三个病人。

所以，医生看到了三个红点，僧人们要等到第三天的午餐时间才能确定病情。

第七章

数学文化

61 艺术与数学

虽然看起来似乎不可能，但艺术与数学之间确实存在很大联系。事实上，有很多作品和风格都受到数学的启发，人们也将数学应用于艺术作品的发展之中。在本节中，我们将看到其中的一些代表。

我们可以从古埃及的金字塔开始。有很多作品都写到了金字塔所涉及的数学知识，有些人认为胡夫金字塔是根据黄金比例建造的（如果你还不了解，可以先阅读“黄金数字”这一节），另外一些人还发现胡夫金字塔跟数字 π 有一些联系。其实很多论文都写到，在测量金字塔所得到的一些数据之间存在大量的数学关系。

如果继续回溯历史，我们会找到更多黄金数字或者黄金比例，鉴于在第一章中已经做过这个主题的相关讨论，所以在这里我们就不扩展了。

多边形是艺术作品中广泛使用的数学元素。三角形、正方形、五边形或六边形都与数字有关，这些多边形是将数字引入艺术作品中的一种更直观的方式。在伊斯兰的艺术作品中可以找到很多多边形，更广义地说，可以在中世纪的艺术作品中找到很多例子。伟大的安东尼·高迪，也在他的很多作品中使用过多边形（美景屋、维森斯之家、格拉西亚大道的瓷砖……）。

还可以在一个重要的地方找到多边形的存在，那就是镶嵌瓷砖。镶嵌瓷砖就是通过平面图形覆盖平面，彼此之间不留空隙并且不重叠。在伊斯兰、古埃及、古罗马的很多艺术作品中都能找到这些镶嵌瓷砖…… 而且，无论古代还是现代，很多路面的地板很明显也都使用了这些几何形状的瓷砖。

在结束镶嵌瓷砖这个话题之前，还可以看一些代表作品：格拉纳达的阿尔罕布拉宫（共出现了17组对称的镶嵌瓷砖），以及莫里兹·柯尼利斯·艾雪和罗杰·彭罗斯的杰作。

如果继续探究多边形，就会发现更多以它为重要元素的作品：古希腊人和古罗马人制作出的漂亮的青铜十二面体，文艺复兴时期出现的新的透视法和消失点，达芬奇、毕加索、达利、埃舍尔的绘画作品…… 在建筑领域，除了已经提及的高迪作品中出现了从二十边形延伸出的圆顶，莱昂兹、里卡多·波菲、布洛姆等人的作品中也出现了不少多边形。

如何在平面上展示立体图形一直是让艺术家们头疼的问题。以前，雅典帕特农神庙为了让观众看得更清楚，离中心越远的柱子之间分开得越远、倾斜得越多。如今，人们早已经把透视问题研究透彻了。中世纪的绘画还没有解决透视问题，而只是一种等级分层的绘画，画中的对象是在不同的平面绘制而成的。到了15世纪，出现了消失点，从而诞生了达芬奇的《最后的晚餐》、拉斐尔的《雅典学院》等作品。

还必须特别提到皮耶罗·德拉·弗朗切斯卡，他是一位精通透视和光学的画家、几何学家和数学家。

此外，还要提到阿尔布雷希特·丢勒，他研究透视、建筑中的几何、柏拉图实体、正多边形；达芬奇，他将数学概念引入作品中，例如透视、消失点、黄金比例和人体中的其他比例；莫里兹·柯尼利斯·艾雪，他利用镶嵌瓷砖的旋转和转换，创造出一些偶尔违背逻辑和理性的伟大作品；萨尔瓦多·达利，他在自己的作品中引入了相关的数学概念，例如超立方体或十二面体。最后，我们必须强调一下分形艺术，这是一种相对较新的艺术，能在计算机技术的帮助下，创造出美丽的分形图像。

62 文学与数学

我最讨厌听到的一句话（除了晚餐后的那句“你是数学家，你来算账吧”）就是“你是文科生还是理科生”。一个人不可以两者兼是吗？难道说数学家的大脑构造只为处理数字和公式？难道他们是一种无情的机器人，连最起码的审美能力都没有吗？

很明显，撇开专业，我们这些数学家和其他人一样，我们跟所有普通人一样生活：我们有好日子也有坏日子，我们爱人也被爱，我们的生活有时开心有时也不开心……

因此，在有些作品中看到非常明显的文学和数学之间的联系，我们也不应该感到奇怪。接下来你会看到一个和数学有关的小说列表，当然这个列表纯属个人推荐，不过所幸有关数学的小说远远不止列表所列出来的这些。

《美丽心灵》。作者是西尔维娅·纳萨尔。它讲述了美国数学家和诺贝尔经济学奖获得者约翰·福布斯·纳什的故事。

《算数的男人》。作者是马尔巴塔汉。书中将一个聪明的阿拉伯人在国外的旅行和数学联系起来。

《数字魔鬼》。作者是汉斯·马格努斯·恩岑斯伯格尔。讲述一个魔鬼出现在罗伯特的梦中，让他看到数学并没有那么可怕。

《鹦鹉定理》。作者是丹尼斯·格德杰。这是一部集幽默和理性于一体的伟大小说。

《平方先生》《神奇的数字十》《数字的惊喜》。作者是安娜·切拉索利。这三本书试图通过一些有趣的故事让年轻人更了解数学。

《彼得罗斯叔叔和哥德巴赫猜想》。作者是阿波斯托洛斯·多西亚迪斯。这部小说谈到了数学、数学家以及人们对未知的渴望。

《印度文员》。作者是戴维·莱维特。这是一部基于自学成才的数学家斯里尼瓦瑟·拉马努金的真实生活而写的小说。

《丈量世界》。作者是丹尼尔·凯曼。书中讲述了数学家高斯和博物学家洪堡的故事。

《牛津迷案》。作者是吉列尔莫·马丁内斯。书中一名年轻的学生发现了一位老太太的尸体，破解这场犯罪将是一项智力上的挑战……

路易斯·博尔赫斯的短篇小说《巴别图书馆》《查希尔》《阿莱夫》和《上帝的写作》里面都能找到很多数学家

的故事。

《数学老师的谋杀罪》。作者是霍尔迪·塞拉利昂·法布拉。在这个故事中，三名学生调查了他们的数学老师的谋杀案。这本书非常适合年轻人阅读。

《虚实之间》。作者是VV. AA。这本集子及其后续的集子汇集了一些数学故事，这些是在西班牙皇家数学学会每年召开的故事比赛中出现的故事。

《激情、虱子、神…… 和数学，人类如何面对最古老的科学之光》。作者是安东尼奥·杜兰。在本书中，非常明确地展示了我们在本章开头所说的内容：生活无法脱离数学……

最后，我们可不能忽视一些与数学有关的诗歌和戏剧。克拉拉·詹内斯的《黑暗的数字》和赫苏斯·玛丽亚的《派欧塔斯，第一本数学诗歌选集》给我们展示了数学和诗歌并不是不可共存的。至于戏剧方面，我们要着重强调《笛卡尔和年轻的帕斯卡的相逢》以及安东尼奥·代·拉·福恩特·安霍拉的《数字的叛乱》，它们非常适合年轻人。

如果你想要了解更多关于本节的内容，给你推荐一本书《小说家们也知道数学》，这本书总结了很多优秀的小说家写的书里出现的数学故事。

63 儒略历，闰年是怎么出现的？

现今通行的日历将一年分成12个月，每个月有30天或者31天（二月除外，它只有28天或者29天），这种日历叫做格里历，是为了纪念教皇格里高利十三世，他于1582年颁布了这个格里历用以取代儒略历（自公元前46年起生效）。首先，让我们一起来看一下儒略历的一些特征及其起源。

如你所知，太阳运转的周期是日历计数的基础，也就是说，我们试图将地球围绕太阳完整转一圈所需的时间分成相等的份数。

在古罗马历法中只划分为10个月（每个月30~31天），其中第一个月份是Martius（即三月，战神玛尔斯的月份），其次是Aprilis（即四月，花儿开放的月份）、Maius（即五月，女神玛雅之月）和Junius（即六月，女神朱诺之月），并且从这往后的月份都直接用数字编号了：Quintilis（七月），Sextilis（八月）……直到最后一个December（十二月）。之后又在这个日历的末尾加上了两个月：一月（Januarius，雅努斯神之月），二月（Februarius，源自februa，斋戒月）。所以2月成为所有月份中的最后一个月份。

到了公元前46年，罗马皇帝盖乌斯·尤利乌斯·恺撒调整了一下当时日历的顺序并且创建了后来被称为儒略历的日历。从那时候起，每年都会有365天，每四年增加一天，确切地说是二月份增加一个24号，人们把旧的24号那一天叫做“三月之前的第六天”，把新的24号叫做“闰日”，后来的“闰月”也就来自此。这样每年就有了12个月，单数月有31天，双数月有30天，除了二月只有29天。

但是这个时间并不是很精确，因为地球围绕太阳转一圈所需的确切时间是365.242 19天，也就是说四年就有365.242 19 × 4 = 1 460.968 8天。如果用儒略历来计算四年有365 + 365 + 365 + 366 = 1 461天，比较一下每四年就会相差0.031 2天，即每年相差11分钟。

显而易见的是，人们想让历法与季节相符，所以历法比地球慢的这11分钟似乎就没有那么重要了，不过在1582年，人们就已经开始注意到日历上标记的春分与实际季节中的春分的日子不一致。确切来说，日历上标注的春分已经落后于真正的春分大约10天了。这个错误应该要被纠正的。

另外补充一点，大约在公元前44年的时候，人们决定将第五个月Quintilis献给凯撒大帝并将其改名为Julium（七月）。但在公元前23年，为了取悦当时的君主奥古斯都，人们就把七月之后的月份（Sextilis）命名为“奥古斯都”月。虽然那个时候Sextilis月比Julium月少一天，但是考虑到奥古斯都不能比凯撒大帝少，所以人们再次去掉了最后一个月即二月的一天，至此二月就只有28天了。这就形成了我们目前月份的分布情况：1月、3月、5月、7月、8月、10月和12月都是31天，4月、6月、9月和11月是30天，2月是28天（闰年的时候是29天）。

64 格里历，4号之后是15号

正如我们在前一节中看到的，每四年出现一次闰年，一个日历年的时间会比一个地球年长11分钟，因此，到1582年的时候，地球运转的时间与日历上所标记的时间已经累计相差了10天，与实际的季节也开始不相符了。为了解决这个问题，教皇格里高利十三世提出要改革儒略历，提出的方案如下：当年份为4的倍数的时候（例如2004年、2008年、2012年……），当年二月增加一天，但是当年份是以“00”结尾（例如1700年、1800年、1900年……即世纪年）的时候不加。但是人们还是规定能被400整除的世纪年是闰年（这样的话2000年是闰年）。通过这种方式，每400年就有100－3 = 97个闰年。与此同时，日历上这400年的时间将是：97×366 + 303×365 = 146 097天，这就意味着每年的时长为146 097÷400=365.242 5天。因此，日历上的一年与地球运转的实际时间就相差365.242 5－365.242 19=0.000 31天，这就代表了每3300年大约有一天之差，而这种差别几乎察觉不到……

最后补充两个有趣的故事。第一个故事说的是教皇格里高利十三世为了调整儒略历自使用以来到1582年产生的误差，就删除了1582年10月5日到同年10月14日的日子。这样圣特雷莎耶稣（Teresa de Jesús）于1582年10月4日星期四去世，在第二天，也就是1582年10月15日星期五被埋葬。

第二个故事发生在20世纪末。在1999年年底的时候，人们对于即将到来的2000年的世纪之交会发生什么事情存在一些争议（例如人们怀疑电子设备是否会变得疯狂并且使地球瘫痪等）。但我们必须明确一点，21世纪始于2001年。这是因为没有第0年，1世纪是从第1年1月开始，到第100年12月结束。所以，在第101年的时候2世纪才开始，同样，在2001年的时候21世纪才开始。

这样到现在，人们已经拥有一个比较完善的日历了。虽然它并不完美，但是一万年之后人们会进一步完善它。

65 英制单位制

英制单位是一种非米制单位（我们通常使用米制单位），通用于美国。该单位制正逐渐被国际单位制（源自十进制的米制单位）所取代，尽管这种改变是比较缓慢的。

根据定义，1英寸换算成国际单位制为25.4毫米，但在美国1米等于39.37英寸，这是一个很小的差别。表7–1展示了最重要的一些单位制及其与国际单位制的等量关系。

表7–1

英制单位	对应的国际单位
长度单位	
1英寸（in）	2.54 cm
1英尺（ft）=12 in	30.48 cm
1码（yd）=3 ft	91.44 cm
1英寻（fm）=2 yd	1.828 8 m
1英里（mi）=880fm	1.609 3 44 km
1海里（nmi）	1.85 2 km
重量单位	
1盎司（oz）	28.349 5 g

（续表）

英制单位	对应的国际单位
1磅（b）=160z	453.592 g
面积单位	
1平方英寸（in^2）	6.451 6 cm^2
1平方英尺（ft^2）	929.030 4 cm^2
1英亩（acre）	4 046.856 m^2
1平方英里（mi^2）	2.59 km^2
容量单位	
1品脱（pt）（英）	0.568 3 L
1品脱（pt）（美）	0.550 6 L

从这些单位中衍生出了英里/小时，1英里/小时相当于1.609千米/小时（电视剧《霹雳游侠》的粉丝们在剧中车的里程表上应该见过很多次英里/小时）。另外，1节相当于1海里/小时，即1.852千米/小时（船员们都非常了解这个单位，他们经常用这个单位来计算船速）。

最后跟你说个很有趣的故事，“节”作为速度单位，其实源自一个古老的测量船速的过程。一名船员拿着一根绳子，在绳子上相等距离打上结，再在绳子的一端绑上一根木头。另一名船员拿着一个持续时间大约半分钟的沙漏。为了测量船前进的速度，他们在船头（前部）把木头扔进海里，当过了绳子上的第一个结的时候，开始计时，计算在这半分钟内经过了多少个结就可以了。

66 堂吉诃德和数学

在《堂吉诃德》这部作品中，出现了一些逻辑和数学概念，我们一起来看一下。

先来了解一下这部作品的基本信息。这本小说出版于1605年，是西班牙文学中的瑰宝，也是被翻译成外国语言最多的小说之一。1615年，这本小说的第二部分出版，取名为《拉曼却的机敏骑士》。这部小说的写作目的是通过对骑士和贵族传统的滑稽处理来揭开其本身的神秘面纱。它的作者是米格尔·德·塞万提斯（1547—1616），是一个西班牙士兵、小说家、诗人和戏剧家。

那么，让我们来寻找这部作品中出现的数学知识吧。

首先，这部小说的第一部分的第三十三章和第二部分的第十八章、第十九章以及第三十八章中都提到了数学。在这些章节中，作家强调了数学是有用的，数学的价值是不可争辩的。

数字在这部作品中很常见，事实上数字只是这部小说中所出现的数学的一小部分。作者会使用一些数字来表示年份、金钱或者时间等日常概念，也会使用数字“千”来表示夸张：“他用一千次的誓言和一千次的晕倒来向我证明”。小说中还出现了“一打”和“半打”这样的数字，同样还使用到了很多不同类型的货币，像勃兰卡、阿尔迪特、古铜币、夸尔蒂约、夸尔托、迪内罗、杜卡多、埃斯库多、马拉维迪、雷阿尔、苏埃尔多……

我们还可以找到一些其他的测量单位：海里、里、比索、桁索、巴拉、腕尺、英尺、阿罗瓦（@）、磅、法内加…… 还出现了无限大符号，甚至涉及天文学和航海学。

正如我们所看到的，在塞万提斯的这部作品中可以看到很多数学及数学的应用。

最后，我们想要摘录一则这篇小说中出现的悖论。在介绍之前，请记住悖论就是表面上看起来是对的但是实际上是违背逻辑或者违背常识的结论，例如，“迷信的人运气不好”“不要理睬我跟你说的话”以及“禁止是被禁止的”。

回到这本书中来，在第二部分中我们可以看到下面这段话：

“如果有人想要从桥的一端走到另一端，他必须诚实地说明自己去哪里去干什么，如果说的事是真实的，就让他过去；如果撒谎了，他就会被绞死在那个绞刑架上，绝不宽恕。”虽然有这则严酷的法令，但还是有很多人说了真话通过了，这句真话就是说自己过桥会被绞死。

听到这句话，法官会怎么做？如果法官让这个人过去，那法官就违背了法令，因为这就意味着这个人说谎了却又可以免于惩罚而通过，但是如果法官们不让这个人过去，那也会违背法令，因为这个人已经说了实话。这就是我们刚才所说到的一个没有解决方案的悖论。

顺便说一句，塞万提斯决定让这个人自由地通过，因为他觉得在有疑问的情况下，仁慈更重要。

67 《辛普森一家》中的数学

你应该知道，《辛普森一家》是美国的一部动画片，由马特·格勒宁为美国福克斯广播公司创作而成。这部剧讽刺性地描绘了美国中产阶级的生活方式，霍默与玛姬（父母）以及三个独特的子女（巴特、丽莎和麦琪）组成一个略微独特的家庭，片子借助这一家人之手批判了美国文化、社会和人类状况。

尽管看起来很奇怪，但是这部动画片的一些编剧（约瑟夫·斯图尔特·伯恩斯、戴维·米尔金、阿尔·让、根·基勒、乔治·梅尔、比尔·奥登柯克）确实具有科学和数学知识储备，这一点在片中出现的很多插曲中得到了很好的体现。除了巴特的一句名言“你要乘以0”之外，我们还可以再看看一些别的例子。

第二季中，巴特的妹妹丽莎，拿着一把卷尺，想要帮助巴特玩迷你高尔夫球，她对巴特说：“这个游戏的基础就是简单的几何学，你只要在这个位置打这个球就可以了……”最后这个球真的进洞了，巴特对丽莎说：“我真的不敢相信，你刚刚居然真的在实践中运用了几何学！”

还是在同一季中，还是关于丽莎（这一家中的唯一一个对科学感兴趣的人），她跟她的小妹妹麦琪（还在吸奶嘴）解释什么是十二面体。

在另外的一些场景中，我们可以看到巴特的一个同学跟他解释（甚至可以说是用一个公式在争论了）恶作剧的可能性与跟权威（在这种情况下指的是老师）的亲近程度成反比。

第三季。在他们居住的春田镇上，有一家电影院，电影院中间有一间房，名字叫做Googolplex（如果你还不懂，请阅读“‘Google’来源于‘googol’”一节）。

第四季。在这一季，剧中的一个人物阿普说自己把圆周率背到小数点后第4万位并且确定最后一个数字是1。事实上，如果我们能耐着性子去检查圆周率，可以发现第4万位的数字的确是1。

第五季。为了和《绿野仙踪》中的稻草人比赛，霍默在水槽里找到一副眼镜，戴上之后他看起来变聪明了，都能够背诵毕达哥拉斯定理：“等腰三角形两边的平方总和等于第三边的平方。”他一背完，就听到从另一个水槽里传来一个声音：“是直角三角形，白痴！”

第七季。在某个特定的时刻，可以看到霍默被一些数学元素所包围，其中有一个就是关于费马定理（在“费马大定理：历经三百多年被验证”一节中你将找到更多信息）

《辛普森一家》的邮票

图7-1

的反例：$1782^{12} + 1841^{12} = 1922^{12}$。如果使用普通的科学计算器，你会发现等式成立，但是如果使用电脑，你会看到从第十位开始，结果将不再相同。不过，我们可以放心，这个定理仍然是正确的。

还是在第七季中，丽莎把100美元放在银行，并且说她获得了2.3％而不是通常的2.25％的利息，这样一年之后，她的收益将会多5美分（你可以去验证，事实确实如此）。

第十一季。在某一瞬间，丽莎所在的学校的老师们都变成了卖玩具的人，老师“抓住”丽莎在偷偷地做数学题。当老师的怀疑被证实的时候，老师就强迫她在黑板上写了很多次“我不会在课堂上做数学题”。

本节中描述的所有场景只是整部剧中的一小部分。如果你觉得好玩想要继续看下去，可以接着去看更多剧集哟。

68 电影和数学

如同其他任何人类活动一样，数学也以直接或间接的方式出现在电影中。有些电影只是比较粗略地谈到了数学（不幸的是，大部分的时候都是很粗略地谈到），但是也有一些电影会以数学或者数学家为主题。

让我们一起来看看这些具有大量数学内容的电影吧。

《心灵捕手》。美国，1997年上映，由格斯·范·桑特导演。威尔是一个叛逆的年轻人，但是在数学方面有着过人的天赋。在发现自身的这项技能之后，他必须决定是继续过如今的这种生活，还是致力于数学。一个孤独的、放荡不羁的心理学家帮助他做了这个复杂的决定。

《异次元杀阵》。加拿大，1997年上映，由文森佐·纳塔利导演。一群人不知道怎么地就到了一个立方体房间交织的迷宫，迷宫中还有一些致命的陷阱。一位数学系的学生发现了门上的数字和质数的关系，这种关系会帮助他们走出迷宫。

《极限空间》。西班牙，2007年上映，由路易斯·佩德拉希塔和罗德里格·索佩纳联合导演。四个互不相识的数学家收到了聚会邀请，然后被困在一个会逐渐缩小的房间里，如果他们能够正确地解答出那些智力题，找到它们之间的关系并且解释清楚它们为什么会出现在那里，他们才能得救。而这几个被困的数学家，是要先解答了一道问题才能获得参加聚会的资格，这个问题是："这串数字是按照什么排序的？5–4–2–9–8–6–7–3–1。"你能解答出来从而去参加聚会吗？

《城市广场》。西班牙，2009年上映，由亚历桑德罗·阿曼巴导演。故事发生在四五世纪的亚历山大，在那里基督教不断崛起，有时候还通过暴力运动的方式崛起。伟大的数学家、哲学家和天文学家希帕提娅成为这场运动的受害者之一。

《唐老鸭漫游数学奇境》。美国，1959年上映，由汉密尔顿·鲁斯科导演。唐老鸭漫游了数学国度，逐渐发现了数学的所有秘密：毕达哥拉斯和音乐、黄金矩形、黄金数字、自然界的正五边形、圆锥形……

《达·芬奇密码》。美国，2006年上映，由朗·霍华德导演。这部电影是基于同名小说拍摄而成的。符号学教授罗伯特·兰登不得不从一个奇怪的数字序列着手去调查卢浮宫馆长被谋杀一案，这串数字后来被证实是斐波那契数列。

《深度谜案》。西班牙、英国、法国联合摄制，2007年上映，由阿莱克斯·德拉·伊格莱希亚导演。一位年轻的牛津学生发现了保护他的女士的尸体。不久之后，一位逻辑学教授收到一张便条，便条上说这个案子只是一系列凶杀案的第一例。这名学生和这位教授必须使用数学代码来研究这个案子以便找到凶手所遵循的模式，从而侦破案情。

《美丽心灵》。美国，2001年上映，由朗·霍华德导演。约翰·福布斯·纳什的同名传记电影。约翰·福布斯·纳什患有精神分裂症，但却是1994年诺贝尔经济学奖和2015年阿贝尔奖的获得者。

这种类型的电影非常多，但鉴于篇幅有限，所以我在这里只给你列举一些电影标题：《超时空接触》《拦截密码战》《莫比乌斯》《死亡密码》《决胜21点》《佩拉约一家人》以及电视剧《数字追凶》。

最后，我想补充一下，《飞出个未来》的编剧们都有很好的数学和科学涵养，他们在片中留下了很多数学的痕迹。

69 番外篇：水平思考的问题

水平思考是一种创造性解决问题的方法，由爱德华·德·波诺（出生于1933年的马耳他作家和心理学家）首次提出，旨在使用一些远离常规的创造力和技巧，以一种间接的方式来解决问题。

为了更好地了解这个方法，我建议你试着解决以下四个需要水平思考的问题，也就是说，你必须尝试用不同的思考方式来解决这些问题。鉴于其中的一些问题并不容易，所以如果你需要的话，我也会给你提供一些线索。

（1）玛丽亚正准备吃早餐，她已经准备好了咖啡杯，但奇怪的是，当眼镜掉进杯子里的时候却没有被弄湿。你知道为什么吗？

（2）胡安去一家动物商店买一只鹦鹉，店老板给了他一只非常“年轻”的鹦鹉，并且对他说：“这只鹦鹉非常好，能够立即重复它听到的所有话。”胡安对他即将购买的这只鹦鹉感到非常满意，因此他毫不犹豫地买了这只鹦鹉并把它带回了家，并开始教它说一些新词语。但是一个星期后他回到这家商店打算退货，因为这只鹦鹉根本无法重复任何他对它说的话。店主人拒绝退还这笔钱，还声称他从未欺骗过胡安。你知道胡安的鹦鹉怎么了吗？

（3）经过一天辛苦的工作后，两名矿工从矿井出来。其中一个的脸很干净，而另一个的脸则是全黑的。奇怪的是，脸干净的那个矿工去洗脸了，而另一个脸不干净的矿工反而没有去洗脸。你知道这两个矿工为什么会有这种奇怪的反应吗？

（4）一位所谓的算命先生声称他能够在足球比赛开始之前就猜中比赛的结果。你能解释一下他怎么做到不骗我们吗？

正如前面所说的，你要用一些非常规的逻辑去寻找答案。

如果你不知道怎么去解决这些问题，这里有一些线索：

（1）不要做出未出现在语句中的假设。

（2）鹦鹉有一些生理上的异常，使得店主人说的不是谎言，但与此同时，又使鹦鹉无法重复人们所说的任何话。

（3）思考一下，当这两个矿工看到对方的脸时会想到什么。

（4）算命先生没有说谎，事实上，你也可以在足球比赛开始之前就猜中比赛的结果。

答案：

（1）玛丽亚的杯子那会儿还是空的。当眼镜掉进杯子的时候，她还没有往里面倒咖啡。

（2）这只鹦鹉是聋的。因此，它确实能够重复它听到的话：什么都没有。

（3）脸干净的矿工看到他同伴的脸非常脏，就推断出他自己的脸也是同样的脏，所以就去洗脸。另一位矿工则恰恰相反。

（4）正如我们在线索里给到的一样，所有人都可以猜对足球比赛“开始之前”的结果：0∶0。

第八章

数学的运用

70 绘制一幅地图需要多少种颜色？四色定理

我们来亲身实践一下，因为实践是获得结果的最佳方法。假设如图8–1中A、B是两个国家，要想给这两个紧挨着的相邻区域涂色，要求颜色是不一样的，就必须使用两种颜色，例如白色和灰色。如果想要绘制出如图8–2所示的三个国家的地图，就需要三种颜色。要想绘制如图8–3所示的四个国家的地图，则需要四种可供选择的颜色。

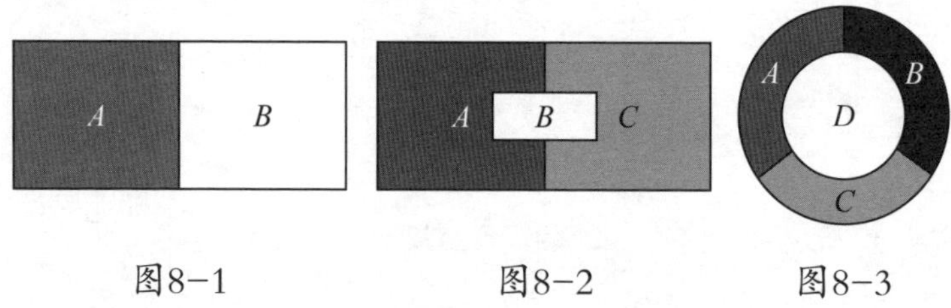

图8–1　　图8–2　　图8–3

接着我们可以问自己，为了让一张地图上每两个相邻的区域所绘制的颜色不同，是否需要超过四种颜色才能做到？

答案是否定的，也就是说，无论国家的数量有多少，无论其形状和分布如何，只需要四种颜色就足以确保所有相邻的国家着色不同。

这就是四色定理，是一个有着悠久历史但是直到不久前才被证明的定理。

该定理更确切的表述如下：“任何一张地图只用四种颜色就能使相邻的国家着上不同的颜色。”

该定理的历史开始于1852年，当时法兰西斯·古德里跟他的弟弟弗雷德里克·古德里共同提出了这个定理，而后，他的弟弟又跟奥古斯塔斯·德摩根重申了该定理。1878年，阿瑟·凯莱以猜想的形式阐述了这个定理，一年之后，阿尔弗雷德·布雷·肯普公布了这个定理的证明，但是在11年之后的1890年，珀西·海沃德发现了证明中的一个错误，结果就是这个定理再次沦为猜想。最终，经过多方努力，1976年，肯尼斯·阿佩尔和沃夫冈·哈肯在电脑的帮助下苦战多个小时终于证明了这个定理。

这是第一个无法一个人看懂整个证明的定理，因为其中涉及的情况实在太多，而且每种情况只能在一台电脑上分析。借助信息技术的手段来证明一个定理引来了很多争论，一些数学家能接受这样，另一些数学家却无法接受。某位无法接受的数学家最后说到：“一个证明就像是一首诗歌，但是借助电脑而做的证明就像是一本电话簿。”还有一些人说这种证明无法让人学到任何东西，因为你根本不清楚为什么五种或者九种颜色就不必要了。

虽然目前这个定理已经得到了证明，并且无须借助计算机（计算机证明过程过于复杂和冗长），但不管怎样，首次借助计算机完成数学定理的证明有助于人们去讨论什么是“证明”，以及在无法手动得出结果时计算机发挥的作用。

注意：最后要补充一下，四色定理只适用于平面地图，如果把地图绘制在一个环面（一个类似甜甜圈的三维几何图形）上，总共需要七种颜色。

71 洪德法以及其他分配席位的方法

每次有选举的时候，必须要决定每个党派分配多少议席，而这样会出现一个重大问题。显然应该根据所获的投票数按比例分配，但是直接平均分配是不可能的，实际情况中总会出现多余的席位。例如，在获得1 000票和2 000票的两个政党之间如何分配5个席位。这个问题已经通过不同的分配方法得到解决。在了解这些方法之前，不得不谈到巴林斯基和阳格，他们在1982年的时候就证明了不可能存在一种完全公平的分配方式，也就是说，在任何一种分配方法中，总会有利益受到损害的政党。

在西班牙，人们使用洪德法。这种方法由维克多·洪德创立，除了在西班牙使用之外，它还被应用于奥地利、比利时、芬兰、法国、希腊、阿根廷、哥伦比亚、厄瓜多尔、以色列、日本等其他国家。

洪德法是把每一参选党派所取得票数依次除以1，2，3… 除完之后，有多少席位数，就按从大到小的顺序选多少位最大数。我们来看一下2012年加泰罗尼亚大选时期塔拉戈纳地区的投票结果的例子。在开始分析之前有一点需要注意，加泰罗尼亚大选规定，如果某个党派的得票数没有达到3%，那么该党派将无缘席位分配。

表8-1展示的就是得票数靠前的党派的席位分配结果（并非所有党派都获得了席位，例如像SI党由于得票数没有达到3%，因此无法参加分配）。

表8-1

党派	票数	百分比	获得席位
CiU	113 657	31.73%	7
ERC–Cat Sí	54 093	15.10%	3
PP	53 591	14.96%	3
PSC	48 642	13.58%	3
C’s	26 039	7.27%	1
ICV–EUiA	24 538	6.85%	1
CUP	12 840	3.58%	0
SI	5 493	1.53%	0

运用洪德法分析，可以在表8-2中看到每个党派分配到的具体的席位数。

第二行呈现的是每个党派的得票数除以1的结果，第三行是得票数除以2的结果，第四行是得票数除以3的结果，如此继续直到最后一行显示除以8的结果。把这些除法运算做完之后，选取表格中最大的18个数，然后看每个党派分别占据多少位（即表8–2中加粗部分）。

洪德法并不是唯一的一种分配方法。例如圣拉古法，它是用除以奇数1，3，5… 来代替除以1，2，3…圣拉古法主要适用于德国这样的欧洲国家。除了这两种方法之外，还有一些别的方法（改良圣拉古法、黑尔数额、特罗普数额、因佩里亚利数额……），但是并不常用。

在所有这些方法中，洪德法是最有利于多数党的，而圣拉古法是最有利于保持多样性的。

表8–2

	CiU	ERC – Cat Sí	PP	PSC	C's	ICV–EUiA	CUP
除以1	**113 657.00**	**54 093.00**	**53 591.00**	**48 642.00**	**26 039.00**	**24 538.00**	12 840.00
除以2	**56 828.50**	**27 046.50**	**26 795.50**	**24 321.00**	13 019.50	12 269.00	6 420.00
除以3	**37 885.67**	**18 031.00**	**17 863.67**	**16 214.00**	8 679.67	8 179.33	4 280.00
除以4	**28 414.25**	13 523.25	13 397.75	12 160.50	6 509.75	6 134.50	3 210.00
除以5	**22 731.40**	10 818.60	10 718.20	9 728.40	5 207.80	4 907.60	2 568.00
除以6	**18 942.83**	9 015.50	8 931.83	8 107.00	4 339.83	4 089.67	2 140.00
除以7	**16 236.71**	7 727.57	7 655.86	6 948.86	3 719.86	3 505.43	1 834.29
除以8	14 207.13	6 761.63	6 698.88	6 080.25	3 254.88	3 067.25	1 605.00

72 身份证及其控制编号

不知不觉中我们被数字包围着，我们的生活建立在数字体系的基础之上，有很多数字和编号被我们使用，比如身份证（DNI）号码（这是唯一能证明西班牙人身份的号码），商品上的条形码，还有书本上的特殊的代码。

接下来，让我们来了解更多关于西班牙身份证的故事。

1944年，西班牙颁布了身份证的相关法令，这是在探索了很多不同类型的身份证明方法（例如去往美洲的水手们的成员证明、费尔南多七世要求的警方的户口证明）之后颁布的。如今，西班牙身份证上有8位数字再加一个控制编号，而这个控制编号恰恰就是我们这一节要重点讨论的。

控制编号其实是一个字母，这个字母并不是随机的，它和表8–3中的数字有着直接联系。你可以试着把一个数字除以23，看得到的余数对应着表8–3中的哪一个字母。

表8–3

余数	0	1	2	3	4	5	6	7	8	9
字母	T	R	W	A	G	M	Y	F	P	D

（续表）

余数	10	11	12	13	14	15	16	17	18	19
字母	X	B	N	J	Z	S	Q	V	H	L
余数	20	21	22	23						
字母	C	K	E							

例如，数字12 345 678对应哪个字母？用这个数字除以23得到的商是536 768，余数是14。对照着上表，可以看到余数14对应的字母是Z。

相信你已经发现了，这个表格中没有使用字母I、O、U，因为这些字母很容易与数字0和1混淆。当然也没有使用字母Ñ，因为会与N混淆。

我们把这种字母叫做控制编号，它可以用来控制信息传输过程，避免发生错误。如果控制编号和表8–3中对应的字母不相符，那么很明显在信息传输过程中发生了错误，但所幸这些错误还是能被修改好的。举个例子，如果代码中的某个数字不对，那我们可以通过控制编号来恢复这些数字（如果不存在这个控制编号的话就无法恢复）。

最后，很多类型的代码都使用了控制编号，例如图书的ISBN、条形码、NIE（在西班牙居住的外国人的身份证）、CIF（税务识别代码）、IBAN（银行账户的代码）、信用卡、欧元的计数体系……

就这样，数字让我们的生活更简单、方便。

73 身高体重指数

总的来说，当今社会人们越来越注重外在的样貌，但其实大家都明白内在才是时间真正的馈赠。

我们要照顾好自己，保持一个健康的生活状态。有一个公式可以用来计算身体指数从而判断出我们的健康状况。公式如下：

$$BMI=\frac{体重（kg）}{[身高（m）]^2}$$

这个公式叫做身高体重指数或者凯特勒指数，因为它是由阿道夫·凯特勒发明的。这个指数非常通用，虽然它不考虑体重是由肌肉还是脂肪组成的，但是至少给了人们一个小小的方向指引。

举个例子，我的体重是72kg，身高182cm，使用这个公式计算出的身高体重指数如下：

$$BMI=\frac{72}{1.82^2}=\frac{72}{3.3124}=21.74$$

为了了解我的体重是否合适，需要参考一个根据身高体重指数而建立的表格。下面这张表格（表8–4）由世界卫生组织提供：

表8–4

状态	BMI（kg/m^2）
体重过轻	<18.5
体重极度过轻	<16
体重十分过轻	16～16.99
轻微体重过轻	17～18.49
体重正常	18.5～24.99
体重过重	≥25
轻微肥胖	25～29.99
肥胖	≥30
肥胖1级	30～34.99
肥胖2级	35～39.99
肥胖3级	≥40

因此，总的来说，我的体重是正常水平。

大家都知道这个指数具有通用性，但如果想要获得更精确的数据，就要使用一些其他的参数，比如手腕的周长、肘部的宽度、腰围或腰围与臀围的比例等。

74 温度的标度及其等价转换

在正式开始之前，我们先来尝试定义一下“温度”这个概念。可以说温度是两个处于热平衡状态的物体（热力学第零定律）的共同数值，但是用一个更加通俗易懂的定义来说，一个物体的温度就是用来测量粒子的平均动能，即粒子运动。我们也知道，用来测量温度的工具是温度计，但是温度计也有三个不同的标度来表示测量值：摄氏温标（C）、华氏温标（F）和开尔文温标。我们一起来了解一下吧！

摄氏温标是由安德斯·摄尔修斯于1742年创建的。他把水的沸点规定为0℃，冰点定为100℃，两者间均分成100个刻度。这里并没有写错，在一开始的时候这两个数确实和林奈设定的现行的摄氏温标数值刚好相反。

华氏温标是由丹尼尔·加布里埃尔·华伦海特于1724年制定的。他把水的冰点设置为32℉，沸点设置为212℉。不过人们也不知道这个标度为何会被设置成这样的数值，有人说他把露天测量的最低温度设定为0℉，自己身体的温度设为100℉（虽然有点过高），还有人说他是把冰、盐和水混合起来而确定的数值…… 最后就成了0℃对应32℉，100℃对应212℉。

开尔文温标又称绝对温标，是由家威廉·汤姆森（第一代开尔文男爵）于1848年创建。他以摄氏度为参考，但是将0K设为绝度零度（最低温度，−273.15℃），0℃等于273.15K，100℃等于373.15 K。

最后，我们给出一些不同温标之间的转换公式：

从摄氏温度到开尔文温度：x℃=（x+273.15）K

从摄氏温度到华氏温度：x℃=（1.8x+32）℉

从开尔文温度到华氏温度：x℉=[1.8×（x−273.15）+32]K=（1.8x−459.67）K

举个例子，让我们看看20℃对应的华氏温度和开尔文温度分别是多少：

20℃=（20+273.15）K=293.15K

20℃=（1.8×20+32）℉=68℉

《华氏451度》这部小说后来被制作成了一部电影，其名字指的就是纸张燃烧的温度。如果我们想知道纸张是在多少摄氏度燃烧起来的，只需做一个小小的运算：451℉=[（451−32）÷1.8]℃=232.78℃。因此，除了知道纸张在什么温度可以燃烧，我们还可以了解更多温标的知识，以及不同温标之间互相转换的公式。

75 万年历

人类于1969年7月21日登陆月球，但是，那一天是星期几呢？是否需要保留当年的日历，才能了解如此重要的事件发生在一周中的哪一天？或者必须翻看手机才能知道吗？

其实有很多算法（如同一个烹饪配方的指令表）可以计算出那一天是星期几。在本节中，我们将了解蔡勒（19世纪的德国数学家）公式的算法。当你看到公式时，不必太担心，把这个公式运用到实践中就会发现它并不像看起来那么复杂。如下内容适用于格里利历（从1582年算起）：

$$h=\left(q+\left[\frac{13(m+1)}{5}\right]+K+\left[\frac{K}{4}\right]+\left[\frac{J}{4}\right]-2J\right)\bmod 7$$

h指的是星期几（如果得到的结果是0那就是星期六，如果是1就对应星期日，依次类推，6对应的就是星期五）；q指的是日期；m指的是月份（m为3就是3月，m为4就是4月，m为12就是12月，m为13就是1月，m为14就是2月……）；K是指年份后两位数（以1990年为例，K就是90，而1843年的K就是43）；J是指年份前两位（以1990年为例，J就是19，而1843年的J就是18）。符号$[a]$指的是要选取一个小于或等于a的最大的整数，例如$[12.83]=12$。我们只要把括号中各项相加所得的和除以7，保留余数（这就是mod7所代表的意思）即为h的值。

那么怎么算出美国人登陆月球的日子（1969年7月21日）是星期几呢？计算过程如表8–5所示。

表8–5

q	m	K	J	$\left[\frac{13(m+1)}{5}\right]$	$\left[\frac{K}{4}\right]$	$\left[\frac{J}{4}\right]$	$q+\left[\frac{13(m+1)}{5}\right]+K+\left[\frac{K}{4}\right]+\left[\frac{J}{4}\right]-2J$
21	7	69	19	20	17	4	$21+20+69+17+4-2\times19=93$

接下来继续把93除以7得到的商为13，余数为2，因此h的值就是2，得出人类登陆月球的那一天是星期一。

你可以通过计算你出生的那一天为星期几，来验证你是否已经明白了这项运算。

最后，必须要提醒的是，如果你想按照儒略历（1582年之前）来计算的话，需要用到另外一个相似的公式。

76 怎么计算出圣周假期[①]的具体日期？

圣周假期可以让我们好好休息一下，不然就要等到暑假才有假期。不过每年圣周假期的日期都不一样，为了知道确切的放假日期除了查看日历我们好像也没有别的办法。其实日期不固定并不会带来过多不便，只是我们很少问自己为什么这些假期的时间不固定，很多人都太过于专注当下的生活而忽略了像这种这么明显的问题。那么我就来告诉你为什么这些假期会不固定，以及怎么算出每年圣周假期所对应的日期。

525年，狄奥尼修斯·伊希格斯（僧侣和数学家）规定了基督教复活节必须满足的两个条件：

它必须在星期日；

它必须是在春天的第一个满月之后的星期日（如果这轮满月发生在星期日，那么复活节将移到下个星期日，以避免与犹太人的逾越节重合）。

要满足这两个条件，复活节就只能处于3月22日到4月25

① 圣周假期的西班牙语是“Semama santa”，是西班牙最重要的传统节假日之一，时间是从复活节前那个周日开始，持续一周。

日之间。

这就是圣周假期的日期不固定的原因。但你肯定会问，这和数学有什么关系？当开始精确地计算任意一年的复活节是哪一天的时候，数学就出现了。如果能算出日子，我们就可以知道2021年的复活节假期是如何确定的（你还可以用该方法计算2022年的假期，这样就可以提早规划假期以便节约更多开销）。

事实上，确实有很多种算法（有限的操作步骤可以带我们找到想要的结果）用来计算复活节日期。请看一下表8-6中所展示的巴切尔运算，并且试着计算一下2021年的复活节日期吧。

表8-6

计算方法	计算过程	商数	余数	字母
用年份除以19，只留下余数A	$2021 \div 19$	106	7	$A=7$
用年份除以100，留下商数B和余数C	$2021 \div 100$	20	21	$B=20$；$C=21$
用B除以4，留下商数D和余数E	$B \div 4 = 20 \div 4$	5	0	$D=5$；$E=0$
用（$B+8$）除以25，只留下商数F	$(B+8) \div 25 = (20+8) \div 25$	1	3	$F=1$
用（$B-F+1$）除以3，只留下商数G	$(B-F+1) \div 3 = (20-1+1) \div 3$	6	2	$G=6$
用（$19A+B-D-G+15$）除以30，只留下余数H	$(19A+B-D-G+15) \div 30 = (19\times 7+20-5-6+15) \div 30$	5	7	$H=7$

（续表）

计算方法	计算过程	商数	余数	字母
用C除以4，留下商数I和余数K	$C \div 4 = 21 \div 4$	5	1	$I = 5$; $K=1$
用（$32 + 2E + 2I - H - K$）除以7，只留下余数L	（$32 + 2E + 2I - H - K$）$\div 7 =$（$32 + 2\times0 + 2\times5 - 7 - 1$）$\div 7$	4	6	$L=6$
用（$A + 11H + 22L$）除以451，只留下商数M	（$A + 11H + 22L$）$\div 451 =$（$7 + 11\times7 + 22\times6$）$\div 451$	0	216	$M=0$
计算$H + L - 7M + 114$所得到的结果为N	$H + L - 7M + 114 = 7 + 6 - 7\times0 + 114 = 127$	—	—	$N = 127$
用N除以31所得的商数就是月份	$N \div 31 = 127 \div 31$	4	3	2021年的复活节的月份是4月
用（N+1）除以31所得的商数就是日期	（$N + 1$）$\div 31 = 127 \div 31$	4	4	2021年的复活节日期将是4月4日

显然，手动来做这些运算是一件繁重的工作，但是计算机科学家们已经发明了一些应用程序（基于运算基础之上，将在下一节中详细讲解），可以帮助我们很快地计算出复活节的日期。

当然我也明白，哪怕有了这种计算方法，当你要开始规划假期的时候，你还是会像之前一样继续翻看日历。

11 算法：信息技术学的基础

算法（该词来源于algorithmus，是从一个9世纪的数学家花剌子模的名字Algorismus衍生出来的）就是一系列明确的、有条理的、有限的指示和规则，可以用来执行一项任务或者解决一个问题。

日常生活中常常使用到大量的算法，例如：开启洗衣机所必需的一系列操作、展示一个音乐作品如何演示的乐谱、表演一个魔术的指令、做出一个好吃的巧克力蛋糕的步骤……

在计算机科学中，算法的使用和开发是最基本的，因为所有的编程语言都是基于算法，并且通过扩展延伸至整个计算机科学。

尽管算法在计算机科学中十分重要，但算法的使用早在计算机科学存在之前就开始了。事实上，杰出的数学家希尔伯特、哥德尔早已开始研究算法。

使用算法的巨大优势在于算法可以解决一般问题而非具体问题。因此，只要是需要解决某种类型的问题而不是某个特定问题的时候，就可以使用到算法。

并非所有的算法都能应用在计算机操作中，因为在重复运算的时候，如果算法是正确的但需要太多时间或者太大内存，这个运算就行不通了。

根据操作步骤（递归、串联、并联……）和解决策略（分治法、动态规划、贪心法……）的不同可以将算法分成很多不同的类型。

一些著名的算法有：单纯形法、QR算法、快速排序、辗转相除法（求两个数的最大公约数）、埃拉托斯特尼筛法（求最小的素数）、求解方程的牛顿法以及加减乘除的算法。

当然，也有很多人常常把算法的单词algoritmo和logaritmo（对数）或者guarismo（数字）搞混，虽然它们之间并没有任何联系。

接下来我会给出两个范例。第一个范例（图8–4）是用算法来找到一组自然数的最大值。换句话说，这个算法要做的就是设定0为最大数，然后依次将其与组内所有数字进行比较。每当发现一个大于目前为止找到的最大的数字时，就将其改为最大数，依次进行。第二个范例（图8–5）可以用来拯救生命，为了便于理解它的操作步骤，我们用流程图的形式来展示。

```
函数max（T）（其中T是非空自然数集）
N = #（T）（其中 # 是表中元素的数量）
max：= 0
对于i = 1到N
如果ni> max
则max：= ni
最后：是
最后：返回最大
```

范例1　找到一组自然数中的最大值

图8-4

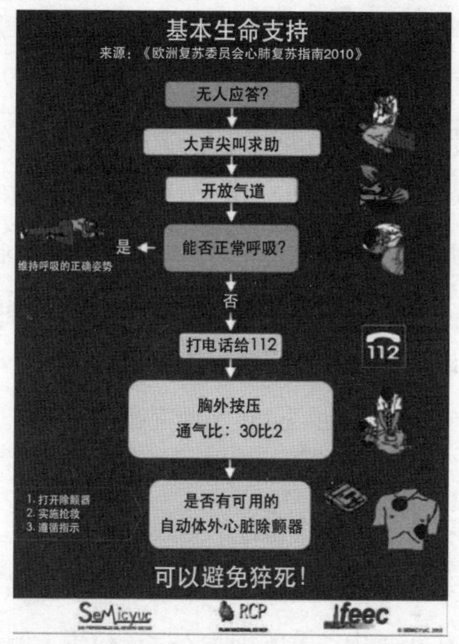

范例2　基本生命支持的算法

图8-5

78 佩奇排名，谷歌算法

1995年，拉里·佩奇和谢尔盖·布林相识于斯坦福大学，正是从那里开启了谷歌公司的历史，这是一家彻底改变了互联网和世界信息技术的公司。相识一年后，他们创建了一个搜索引擎，它最初被称为BackRub，通过使用链接来确定网页的重要性。

他们于1998年成立了谷歌公司（详情请见“‘Google’来源于‘googol’”一节），这家公司已经取得了很大成就并将继续取得突破。尽管大家都知道如何使用搜索引擎，却很少有人知道这个搜索引擎的基础是数学算法。数学、聪明才智和变得更好的愿望将这两个不到30岁的年轻人联系在一起，他们通过不断完善内心的一个想法而变得富有。

让我们看看这个算法包含了什么内容。

这个搜索引擎的基础是一个叫做“佩奇排名”的搜索算法，而此算法正是由谷歌的创始人之一拉里·佩奇（以他的名字命名此算法）开发的。在此之前，网页的重要性取决于其包含的关键词的数量，但这种方式太容易操作了（只要多次重复一组关键词，就足以提高该网页的排名）。

佩奇排名的概念是全新的，因为它认为更重要的页面往往更多地被其他页面引用，这就好像每一个页面都会收到引用它的页面的投票。这种体系是经过深思熟虑的，因为当一个网页被更多的网页所引用，就可以假定这个网页是更重要、更有趣和更有用的。同时，如果一个网页是很重要的，那么它所引用的链接也会被认为是高质量的。

在Google中搜索时，佩奇排名并不是让网页处于最高位置的唯一因素，但如果网页间的排名出现平局，那佩奇排名可能就是决定性因素了。

尽管如此，还是会有人利用该规则作弊，而且有人试图操纵排名，所以一些有足够资金的公司总能使其网页排名处于最靠前的位置。

我还想补充一下，佩奇排名是通过1至10的标度来给单个网页评分，从而来衡量页面的重要性。如果你有一个网页并且想知道它的价值，可以通过安装Google工具栏来确定。在撰写本书时，我所在学校的网页的佩奇排名为3，而《国家报》网页的佩奇排名为8。更为有趣的是，Google本身的佩奇排名为9，而Twitter的佩奇排名为10。

最后，我们给出如下的公式，在此基础上，你可以使用算法来为网页进行评分：

$$PR(A)=1-d+d\sum_{i=1}^{n}\frac{PR(i)}{C(i)}$$

其中：$PR(A)$是指网页A的佩奇排名值；d是阻尼因子，取0到1之间的值（据一些专家所言，这个值通常为0.85，对应用户点击链接的概率）；$PR(i)$是链接到页面A的所有页面的佩奇排名值，$C(i)$是从页面i前往的链接总数（不仅仅是A页面）。

对于互联网的兴起，我们应该感谢数学，更确切地说，是要感谢Google创始人所开发的数学算法，因为这种算法的实施极大地方便了我们找到想要搜索的页面。

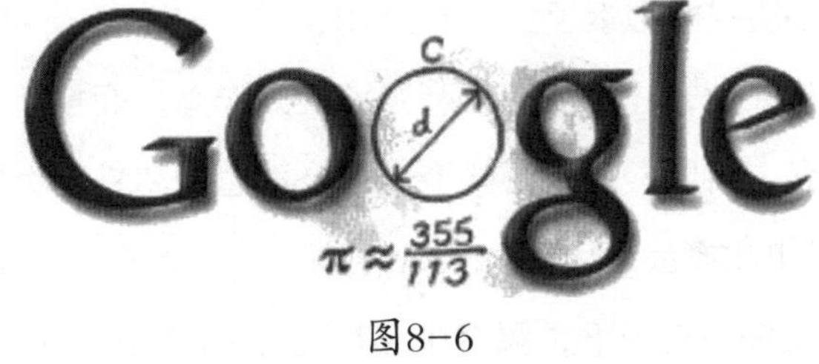

图8-6

79 莫比乌斯带及其应用

莫比乌斯带是一个只有一条边界、一个表面并且不定向的曲面，由莫比乌斯（1790—1868）和约翰·李斯丁（1808—1882）在1858年发现。

构造一条莫比乌斯带的方式很简单，只要拿起一条足够长的纸带旋转半圈再把两端粘上之后便制作完成。也就是说，如果我们不旋转直接粘住一张纸带的两端就会得到一个圆柱体（图8-7），但如果我们把其中一端旋转半圈再粘住两端，就能得到一条莫比乌斯带（图8-8）。

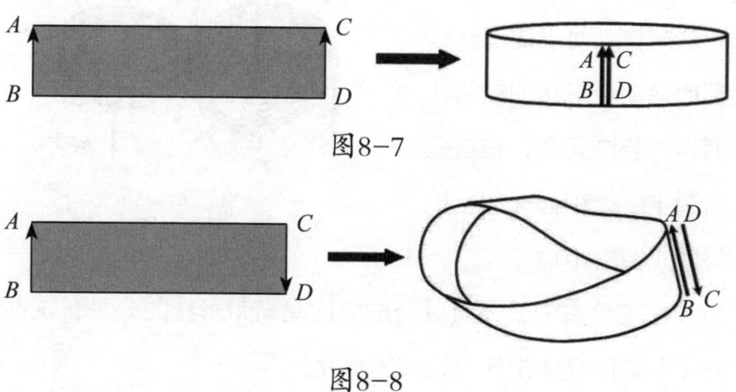

图8-7

图8-8

哪怕看起来这只是一个小小的数学游戏，但是除了美学效果之外，莫比乌斯带还有很多实际的用途。接下来，我们来看一下它究竟有哪些实际用途。

1923年，李·德富雷斯特生产出了莫比乌斯胶卷，使得胶卷的两面都可以进行录制，从而可以承载双倍的信息容量。应用莫比乌斯带，人们还设计出了传送带以及打印机的墨带。

在传送带上，用莫比乌斯带替换普通的带子，可以使表面上的所有点都能受力均匀（参见图8–9，某公共专利）。

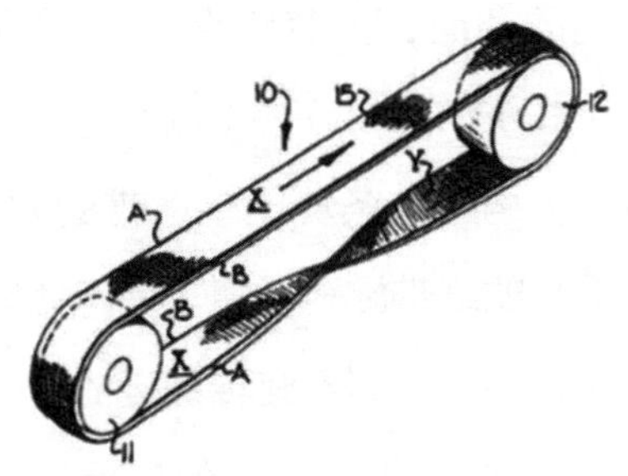

图8–9

在电子学领域，人们常常使用莫比乌斯电阻，其电感为零。

同样，可以建造一些莫比乌斯带形状的铁路轨道作为装饰元素，在这些轨道上，火车会无休止地绕圈（图8–10）。

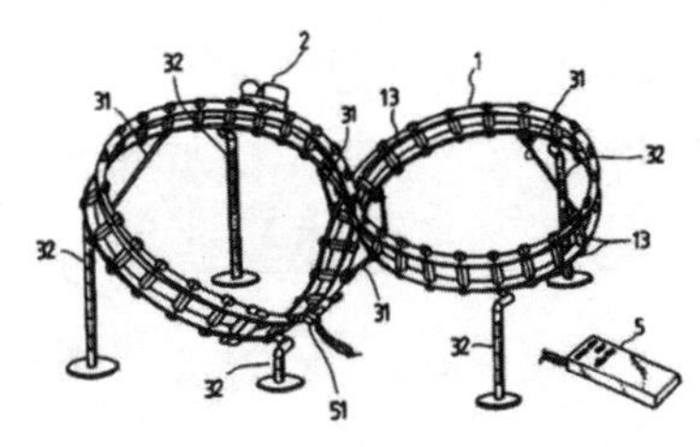

图8–10

在实验室中，还可以合成莫比乌斯带形状的分子，这些分子与莫比乌斯带拥有相同的特性。

在建筑学中也能看到莫比乌斯带的存在，例如布里斯托尔的莫比乌斯桥、都柏林的兰士登路球场……

最后，必须强调一下，莫比乌斯带还广泛应用于一些物品设计（珠宝、鞋子、桌子、雕塑……）、音乐、电影、魔术、文学、漫画、标志、邮票、广告……

图8-11

80 番外篇：三姐妹和一台钢琴

人们常说下面这个问题和爱因斯坦有关，有人说当他听到学生谈论这个问题时会很高兴，有人说这个问题就是爱因斯坦创造出来的，还有人说这个问题里面的人物就是爱因斯坦本人。无论这个问题是否与这位科学家有关，这都是一个很好的问题。这个问题是这样的：

很久没见的两位老师A和B在街上相遇了，然后开始聊起各自的家庭。

A问道："对了，你的3个女儿都多大了？"

B回答说："她们的年龄相乘得到的乘积是36，年龄相加所得到的和恰好与你现在的家的门牌号一致。"

想了一会儿之后，A接着说：

"只用你已经给我的这些信息没法得出答案，你要再给我一些数据。"

B回答说："你说的对，我忘记告诉你我最大的女儿会弹钢琴。"

你能通过这些信息来确定三姐妹的年龄吗?

你可以先尝试着自己做一下这道题。如果你不知道从哪里开始的话，下面会给出参考信息来帮助你得出这个问题的答案，不过我还是建议你思考久一点再来看参考信息。

参考信息：请尝试找出所有三个数的乘积为36的自然数集合，答案势必为其中的一组。试着找找看是哪一组吧。

答案:

三个数的乘积为36的集合总共只有8组：

（1）1,1,36（38）

（2）1,2,18（21）

（3）1,3,12（16）

（4）1,4,9（14）

（5）1,6,6（13）

（6）2,2,9（13）

（7）2,3,6（11）

（8）3,3,4（10）

后面括号中出现的就是三个数相加所得的和。如果提问的这个老师的门牌号是38、21、16、14、11、10中的一个，那么问题就已经解决了，因而也不再需要其他信息了。如果他的门牌号是13的话，就还需要在这两组和为13的集合中进行比较，看哪个是正确的。为了早点找出答案，这个提问的老师说他还缺少一些信息，所以当他的朋友回答说年纪最大的女儿会弹钢琴的时候，他就可以排除1，6，6这一组了，因为在这种情况下是没有“最大的女儿”之说的。所以，三个女儿的年纪就只能分别是2，2，9。

我希望，你也像我一样觉得这个问题看起来很巧妙。

第九章

几何应用

81 圆锥曲线和它的应用

圆锥曲线是由一个平面截圆锥得到的曲线。根据圆锥和平面的相对位置，将出现一些曲线（不考虑点和直线），这些曲线是：圆、椭圆、抛物线和双曲线。

圆锥曲线的定义第一次出现在约1 000年前，包括双曲线、抛物线和椭圆，这些名字的产生都应该归功于阿波罗尼斯。

下面我们详细地解释一下这四种曲线，并分析它们出现的地方和应用场景。

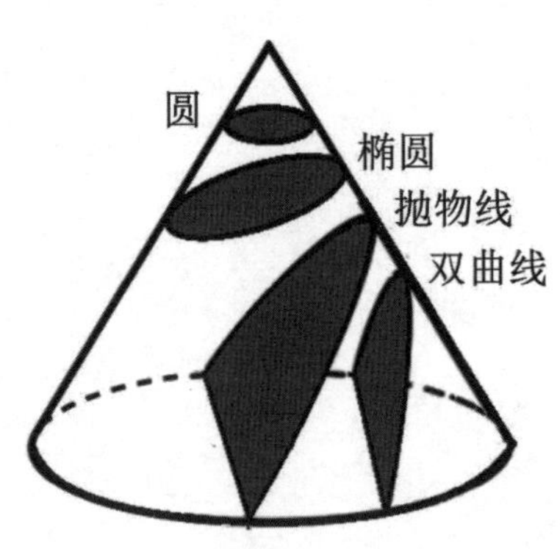

图9-1

圆。正如图9-1所示，用垂直于锥轴的平面去截圆锥，得到的是圆。也可以这样定义圆：与一个定点（称为“中心点”）等距分布的一组点。生活中到处都有使用圆的地方，比如：CD和DVD、自行车的轮子和齿轮、钱币、相机镜头、钟表、交通信号灯、游戏场上的标识……

椭圆。用平面截圆锥，平面和圆锥轴所成角度大于圆锥本身时，形成椭圆。也可以这样定义椭圆：与两个定点（称为“焦点”）的距离之和相等的一组点。虽然椭圆不像圆那样无处不在，但是在很多地方我们都能找到它的身影：行星的轨道、椭圆齿轮、光学和波的传播、照片框……椭圆最有用的一个特性是，当任何一束波离开其中一个焦点后，总会“反弹”向另一个焦点。按照这个道理，如果我们从一个焦点发出声波，这束声波将会集中在另一个焦点。比如，在那个焦点位置上有结石，那结石就会变成细沙，这样就能很容易从病人体内排出（这种技术被称为“碎石术”）。

抛物线。用平面截圆锥，当平面和圆锥的一条母线平行时，得到抛物线。也可以这样定义抛物线：到一条直线和直线外另一个点（称为“焦点”）的距离相等的一组点。我们朝前往上随便扔一个东西，物体在空中运行的轨迹就是抛物线，一个常见的例子就是篮球投向篮框时的运动路径。抛物线最有用的一个特性是：任何垂直于母线的线反射后都经过抛物线焦点。这个特性有两点用途：集中太阳的射线或者电视的波，这样就能得到太阳暖炉或者抛物线天线。另外，用相反的方法，可以让汽车大灯发出的光线形成一条直线。在其他地方我们也能见到抛物线：支撑吊桥的电缆、炮弹轨迹、喷泉喷出的水、望远镜的形状、雷达监测器和发光反射器……

双曲线。我们要讲的最后一种圆锥曲线是双曲线。用平面截圆锥，平面和圆锥轴所成角度小于圆锥本身时，形成双曲线。更准确地讲，可以这样定义双曲线：与两个固定的点（称为“焦点”）的距离差是常数的一组点。在下列情景中会出现双曲线：核电站冷却塔的形状、航海系统的基础如罗兰导航系统、双曲线齿轮……

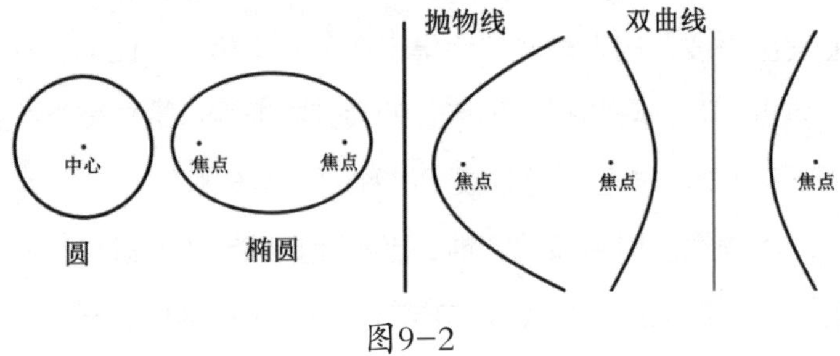

图9–2

82 皮克定理：一个计算平面图形面积的方法

大家应该都记得上学的时候，我们会用一些公式来辅助计算所学几何图形的面积。显然，每个图形都有它的面积计算公式。但是，是否存在一个固定公式能够计算任何一个简单多边形（没有边相交）的面积呢？在特定条件下答案是肯定的，它来自皮克定理：

如果一个简单多边形的每个顶点都在格点上，用B表示多边形边界上的点数，用I表示多边形内部的点数，则多边形的面积A可以用下列公式计算：

$$A = I + \frac{B}{2} - 1$$

乔治·亚历山大·皮克（1859—1942）在1899年发现了这个公式。不幸的是，这位犹太数学家在特雷津集中营（“二战”时期一所纳粹集中营）中死去。

下面，我们通过三个例子来加深对这个公式的理解。我们用这个公式计算图9-3中图形A_1、A_2和A_3的面积（设格点图单位长度为1），过程如表9–1所示。如果你愿意，也可以用在学校学过的常规公式再计算一遍加以验证。

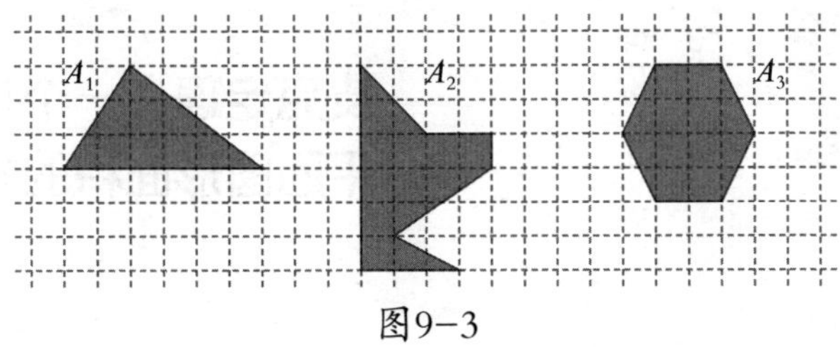

图9–3

表9–1

图形	I（图形内点数）	B（边界点数）	$I+\frac{B}{2}-1$
A_1	6	8	6+8/2–1=9
A_2	6	16	6 + 16/2– 1=13
A_3	9	8	9 + 8/2–1= 12

83 怎么样能刚好倒满半杯?

在开始之前，我们先做一个实验。图9-4是一个锥形的高脚杯，假设你是一个服务员，客人让你倒半杯水，你会倒到标记的哪个地方呢？到3吗？或者是2？在继续往下讲之前，请给出你的答案，可以是0到5之间的任意一个点（包括两个数字中间的位置）。

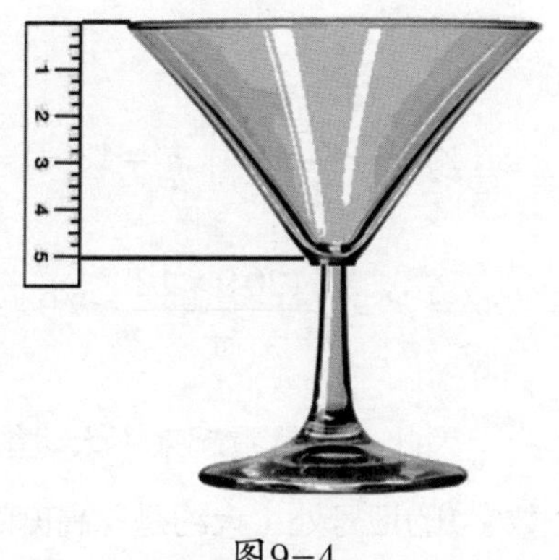

图9-4

我们试着用几何学来解决这个问题，计算出到底应该准确地倒到杯子的哪个位置。

由于杯子的角度和大小并不影响结果（这点你得相信，或者你可以用不同的杯子验证一下），假设杯子椎体的部分半径为5cm，高为10cm。按以下公式可计算椎体的容积：

$$V=\frac{1}{3}\pi R^2\cdot h$$

因此，我们很容易计算出杯子的容积为：

$$V=\frac{1}{3}\pi\cdot 5^2\cdot 10\approx 261.8\ (\mathrm{cm}^3)$$

如果我们只想装半杯水，则半杯的容积为130.9cm^3。

然后，我们计算一下达到这个容量需要装到多高（设为h'）。因为半径是高度的一半，所以新的高度为$h'/2$，由此可推断：

$$130.9=\frac{1}{3}\pi\left(\frac{h'}{2}\right)^2 h'\Rightarrow 130.9=\frac{1}{3}\pi\frac{(h')^3}{4}$$

$$\Rightarrow h'=\sqrt[3]{\frac{130.9\times 12}{\pi}}\approx 7.94\ (\mathrm{cm})$$

因此，虽然看起来不太可能，但是服务生应该加水加到数字1的记号处（大约是总高度的80%）。

84 怎么样公平地分一块蛋糕？

胡安和玛利亚的奶奶送给他们一块蛋糕，他们想把蛋糕分了，但是没有找到令两个人都满意的分法。当妈妈听到他们越来越大的争吵声时，决定告诉他们一个新奇又实用的方法："胡安将蛋糕分成两块，然后玛利亚先选择其中的一块。"

这个方法实用而有效，因为胡安会尽可能使两块蛋糕一样大，否则，如果其中一块比另一块大，玛利亚就会得到比他更多的蛋糕。而且玛利亚也很满意，因为她可以选择她认为比较大的那一块。

但是，如果不是有两个而是有三个兄弟姐妹，还能用类似的方法解决吗？

答案是肯定的。下面我们看一种将一个蛋糕分为三份，并且每一个人都能得到自己满意的那份的方法。

为了方便记忆，假设这三个兄弟姐妹是安娜、布拉斯和卡洛斯。这三个人可以按照下列方法来分蛋糕：

安娜将蛋糕分成一样大的两块。

布拉斯选择其中一块，然后安娜留下另外一块。

安娜和布拉斯分别将他们的蛋糕切成他们认为一样大的三块。

卡洛斯从两人的蛋糕中分别拿走一块。

安娜和布拉斯分别留下卡洛斯拿走后剩下的两块蛋糕。

按照这样的方法，三人对自己分得的蛋糕都会很满意。

解决这个问题还有另一个方法，即人们熟知的“移动的刀”。让我们来看看这是怎么回事：

将刀从蛋糕的最左边向右边慢慢移动，三人中的任何一个都可以在自己认为左边蛋糕有1/3的时候喊“停！”。第一个喊停的人可以得到左边这块蛋糕。剩下两个人再用之前提到的方法或者用“移动的刀”的方法继续分剩余的蛋糕。

这种方法的优点是不管人数有多少都适用。

最后，我想再补充一点，根据著名的科学作家伊恩·斯图尔特所说，“移动的刀”这种方法由莱纳德·杜宾斯和埃德温·斯潘尼尔在1961年发明。

85 足球：接近球体

足球是人们用平面的皮革制作球体的一种尝试。下面我们看两种解决方案，研究一下哪种几何图形拼凑在一起能够更接近球体，并且计算其体积是否和球体相近。

图9–5所示是一个截角二十面体和一个传统的足球。从数学上来讲，截角二十面体的命名是因为它可以通过截去一个二十面体（由20个等边三角形组成的规则多面体）的顶角得到。它由32个面（20个六边形和12个五边形）组成，有90条棱和60个顶点，每个顶点连接2个六边形和1个五边形。如果我们假设这个多面体内嵌在一个球体中，就可以发现其体积只占球体的86.74%，也就是说它跟球体还有一定差距。另外，足球充气后能占到球体体积的95%左右，所以能够自由地滚动。

截角二十面体和足球

图9–5

得补充一点，足球不是截角二十面体的唯一例子，有一种由60个原子组成的分子就是这种形状。截角二十面体还可以用来帮助建筑师建造一些建筑的穹顶。

其他类型的多面体也曾被考虑用来做足球，小斜方截半二十面体（图9–6）就是一个明显的例子。这个多面体由12个五边形、30个正方形和20个三角形组成，所以它共有60个顶点和120条棱。这个多面体比截角二十面体更接近球体，即使不充气，其体积也能占到球体的90%以上。你可能会问，为什么不用这种比截角二十面体更好的多面体来制造足球呢？答案很简单：虽然它更接近球体，但是有太多的面了（64个面，截角二十面体只有32个面），导致缝制量太大。所以在这种情况下，易于操作更重要。

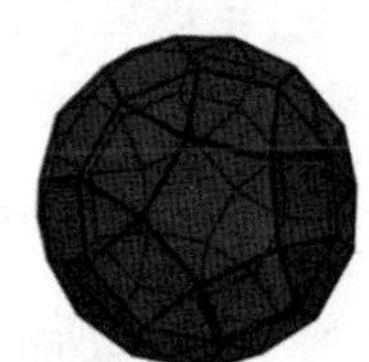

小斜方截半二十面体

图9–6

最后，补充一点，阿迪达斯和耐克公司没有使用这两种多面体，也制造出了新型的足球，比如在2006年世界杯中使用的足球。

86 地球的腰带

下面有一个实验，你需要在两个备选答案中选一个，然后看看你的选择是否正确！

假设我们用一根绳子绕一个篮球，使绳子和篮球完美贴合，并尽可能绕一个最大的圆（可以理解为把绳子放在球“赤道”的位置）。放好之后，使绳子的长度增加1米，显然这时球和绳子将不再贴合，两者之间有一定距离。

假设我们对地球也这么做，用一根非常长的绳子沿着赤道围绕地球一圈（要想做到这点我们需要一根比40 000千米长一点的绳子）。和之前一样，当绳子和地球完美贴合时，使绳子的长度增加1米。显然，这时两者不再完美贴合，也就是说绳子和地球之间有一小段距离。

我们要问的问题是：在这两种情况下（图9–7），绳子和物体之间的距离哪个更大，是篮球还是地球？

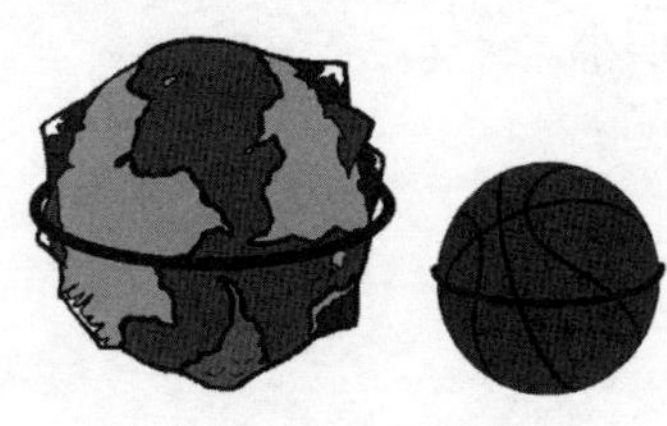

图9–7

虽然看起来不可能，但是地球和绳子之间的距离跟篮球和绳子之间的距离是一样的。

假设绳子和一个球体完美贴合，球体半径是r，绕出一个最大的圆圈（比如，就像赤道），这时绳子的长度L是$2\pi r$。

如果绳子长度增加1米，则增加后的绳子长度为（$2\pi r+1$）米。这时球体表面和绳子的距离是多少呢？通过计算我们可以得到新的半径r'：

$$r'=\frac{2\pi r+1}{2\pi}=r+\frac{1}{2\pi}$$

两个半径的差值就是绳子和球体之间的距离D：

$$D=r'-r=\frac{1}{2\pi}\approx 0.159\,2\text{（米）}$$

正如你所见，这个距离D跟绳子是围绕篮球还是地球没有关系，而是一个固定的数值0.159 2米。

总之，虽然结果跟我们的直觉相反，但是不管围绕篮球还是地球，绳子的长度增加1米，绳子和球体之间的距离都很小。

87 最著名的曲线

如果要谈论最著名的人体曲线，一般我们都会想到吉赛尔·邦辰或者其他更年轻的模特，但是这些就留给时尚刊物去讨论，在这里我们要研究的是数学领域最著名的曲线。

本节我们不讲圆锥曲线，因为在本书中已经有专门的一篇关于它（见“圆锥曲线和它的应用”一节）。我们主要来了解一些其他更常见也很重要的曲线。

摆线。为了描述这个曲线，我们需要想象在自行车车轮外胎有一个亮点，在平地上滚动车轮，且其间没有滑动，那么这个亮点的路径将是一条摆线。你能想象这条曲线的样子吗？在本文末的第一个图（图9–8）里可以看到这条曲线。摆线有两个有趣的特性：第一个特性是最速降线问题。别被吓着了！这个意思是，如果我们想构建一个斜面，用来释放一个球，要使这个球从A点尽可能快地滑到更低的B点，且位于同一个平面内，那么这个斜面应具有倒转过来的摆线形状。第二个特性是等时降落问题。别又被吓着了！这个意思是，如果我们从倒转过来的摆线的不同点（当然，高度也不一样）上松开两个球让其自然下落，尽管看起来不太可能，但是这两个球会同时到达摆线下端的中点。

内摆线。之前我们是在一条直线上转动轮子，如果我们在一个比轮子更大的圆圈内转动轮子，轮子上亮点的轨迹就是内摆线。

外摆线。如果我们在一个比轮子更大的圆圈外转动轮子，亮点的轨迹就是外摆线。

悬链线。我们经常会听到火车悬链线一说，但是，我们是否停下来想过这种曲线是什么样的，又是怎么形成的？悬链线是指悬挂两端固定的一条粗细与质量分布均匀的、柔软但不能延长的线、绳子或链条，在重力的作用下形成的曲线形状。这种曲线的历史既悠久又复杂，且很容易跟抛物线混淆。悬链线最重要的一个用途是链形拱，它是将悬链线倒过来。在两侧没有其他辅助部件时，链形拱能将压力分散到拱身，使用这种拱不需要加固两端。实际上，在天才建筑师安东尼奥·高迪的作品（如圣德雷沙学院、巴特罗之家、米拉之家、奎尔纺织村教堂地下室）中，这种拱是使用非常多的结构之一。

双纽线。双纽线（希腊语“丝带”）是由笛卡尔坐标方程$(x^2+y^2)^2=2a^2(x^2-y^2)$发展而来，但是使它更有名的是无限的符号。关于双纽线的描述首见于1694年，雅各布·伯努利将其作为椭圆的一种类比。还记得吗？椭圆可以被定义为：满足与两个焦点的距离之和相等的一组点。用类似的方法定义双纽线：满足与两个焦点的距离的乘积相等的一组点。双纽线跟日行迹相似。日行迹是一条曲线，用来表示在一天的同一时刻、同一地点观察一年中太阳在天空中的位置。

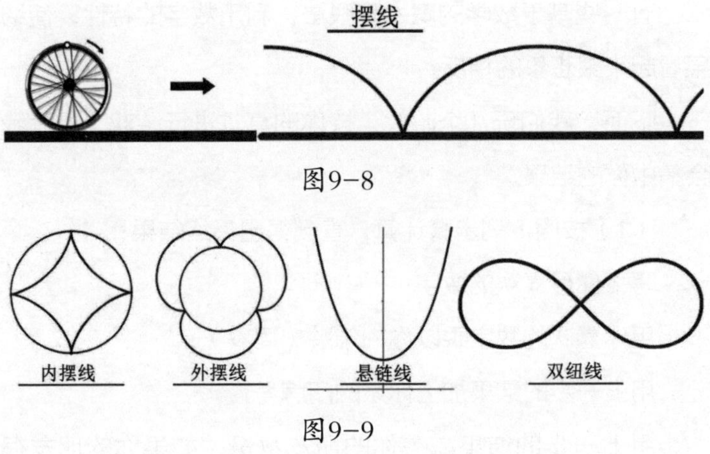

图9-8

图9-9

88 番外篇：数学魔法

有一些基于数学的魔术障眼法，利用数字的特性，使结果看起来跟想象的相反。

下面，我们玩几个游戏，按你的直觉进行游戏，最后我会猜中你的结果。

（1）按照下列步骤计算，直到得出最终结果：

写下你最喜欢的数字；

用你喜欢的数字乘以你的年龄（周岁）；

用上一步的结果加上你家的门牌号；

用上一步的结果减去你的朋友数量（如果你的朋友很多，得到的结果是负数的话，那就用加法替代减法，将两个数字相加）；

用上一步的结果乘以18，并将所得结果的每个数字相加。如果相加的和不是一个一位数，那再将每个数字相加，直到得到一个一位数。

记住这个数字，在本文结尾你将看到这个数字。

（2）像上个游戏一样，按照下列指示进行：

写出你的出生年份；

写出你认为在你生命中最好的一年的年份；

写出今年过完后你的年龄；

写出从你认为最好的那年到今年（今年年尾）的年数。

写完这四个数后，将这四个数相加，记住你得到的结果。在本文结尾你会看到上面得到的数字。

（3）继续下列步骤：

写出两个自然数（正整数）N_1和N_2；

将这两个自然数相加得到N_3；

将N_2和N_3相加得到N_4；

重复上一步骤直到得到第十个数；

将第十个数和第九个数相除即$N_{10} \div N_9$，得到的结果四舍五入成一个三位小数。

默念得到的结果，在文末你会看到这个数。

答案：

（1）按步骤计算后得到的结果是9。

（2）按步骤得到的数字是你正在看这本书时年份的二倍。

（3）结果是1.618。

不管怎样，记着：这不是魔法，这是数学！

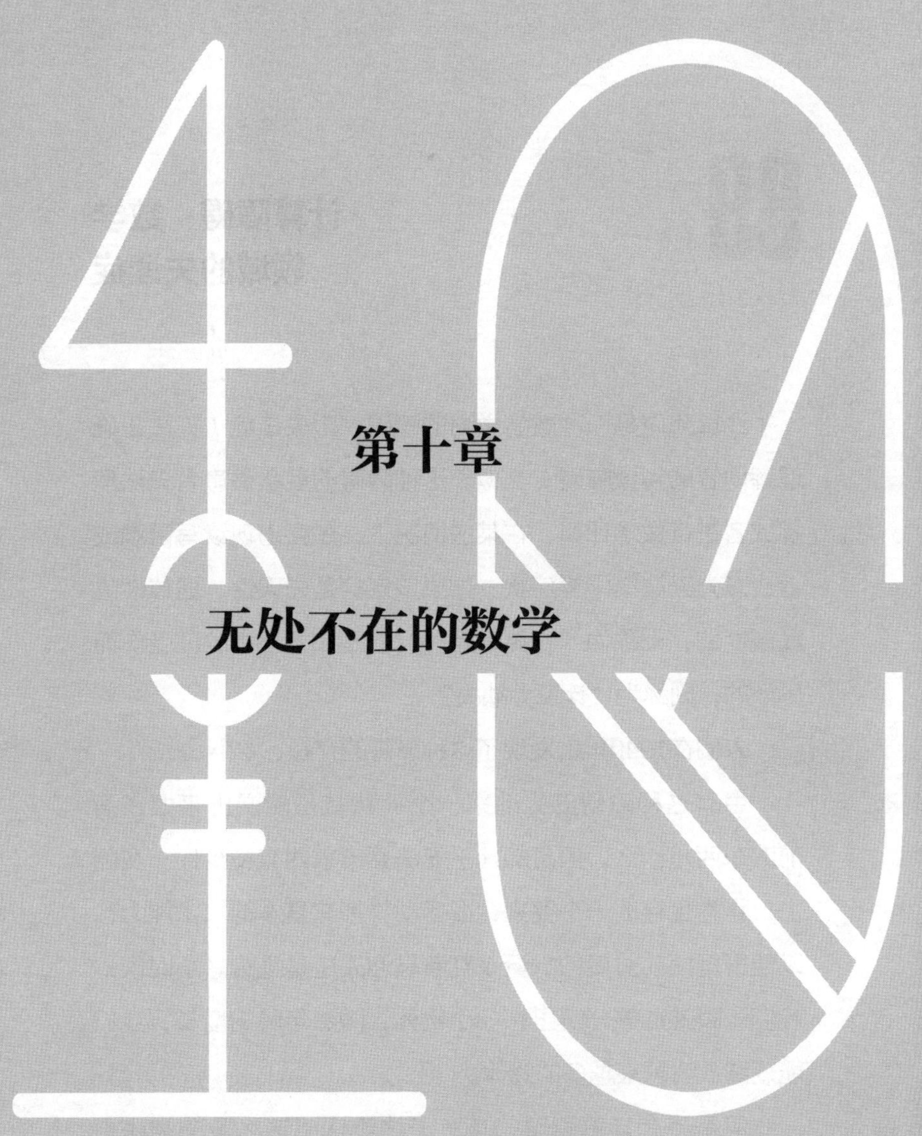

第十章

无处不在的数学

89 计算障碍：数学领域的失读症

计算障碍是一种数学学习的障碍，跟失读症（无法正确理解内容的阅读障碍）类似。这种障碍的症状是患者无法理解或者进行数学计算，在某些情况下，还会出现读写困难或者注意力无法集中等症状。如果该疾病是先天性、遗传性或发展性的，则称为“计算障碍”；但是如果是由脑部受伤而导致的，则称为“计算力缺失”。

人们在1949年就发现了这种障碍的存在。

患有这种障碍的人的第一个症状就是能说出来摆在面前的东西是什么，但是却几乎无法算出东西有多少件。实际上，作为生存的一个要素，很多动物都有基本的算术能力，以便根据面前对手的数量来判断是迎战还是逃跑。小时候，我们一眼就能够分辨出1～3个物体，随着年龄的增长，我们能逐渐数清越来越多的物体。

但是患有计算障碍的孩子无法辨认出这么多的物体，或者需要花费更长的时间来计算物体的数量。其他的症状表现为：认读钟表困难，无法从两个数中分辨出较大的数（较严重的情况下），算数困难，识别乐谱困难，无法记忆数学概念或公式，对噪声、气味或光过于敏感，混淆人物名字，听写数字错误，需要用手指计算，估算困难，使用大数字困难……

对计算障碍的诊断从神经心理评估结果开始，除了评估数字和计算能力外，还需评估其他功能，比如记忆、注意力、四肢，特别是视觉和知觉功能。

一旦诊断出这种障碍，要按照一些基本的建议进行治疗，比如加强使用数量关系的练习，做一些需要进行逻辑推理的活动或者游戏，做一些能够巩固基础数字符号及关系的练习，解决各种各样的算术问题。在做这些治疗时，应尽量减少抽象性的概念，多花点时间练习。

90 最美数学公式

人们不止一次地说，最美的数学公式是：

$e^{i\pi}+1=0$

为什么说这个公式最美呢？因为它包含了5个非常重要的数字。我们来看一下：

数字e。这是一个无理数（不能用两整数之比表示），它的小数点之后的数字有无限多个，且不循环。*e*也是一个超越数（不能作为有理代数方程的根）。

据说数字e是雅各布·贝努利在研究复利问题时发现的。

下面列出的是e的前100位小数：

e=2.718281828459045235360287471352662497757247093699959574966967627724076630353547594571382178525166427……

和数字π在几何学中的意义一样，数字e在计算上占据重要地位。因为函数 $f(x)=e^x$的导数就是这个函数本身，即 $f(x)=e^x$，所以很多表示物理系统行为的微分方程常用它来求解。数字e也会被用于描述电、电子、生物（比如细胞生长）或化学（离子浓度或者半衰期）等现象。

数字i。在1777年，莱昂哈德·欧拉给出 $i=\sqrt{-1}$。这个数字起初并不存在，因为到目前为止，任何数字的平方都是一个正数，没有哪个数由-1开平方得到。所以，字母i表示一个不存在的数，是虚构的数。在电子工程中会应用到这个数字，用来表示周期性变化的符号。它在量子力学、狭义相对论、广义相对论、微分方程和分形等方面也有很多应用，不过对此的解释已经超出了本书的范围。

数字1。如你所知，从算术上来讲，数字1是介于0和2之间的一个自然数，在整数、实数和复数的乘法中是一个中性元素。更通俗地讲，它是抽象代数中乘积的中性元素。1不是素数。在计算机科学中，1是最重要的数字，因为它和0一起组成二进制，而二进制是计算机技术的核心。

如果你想进一步了解数字0和π，可以参阅“从0到9，十个非常重要的数字(I)”和“圆周率（π）和它的第2 000万亿位小数”这两节。

91 数独的前身——魔法方格

魔法方格是一个方形表，表中有一组数字（通常是整数，更具体地讲，是从1到n^2的数），每行、每列、每个主对角线的数字之和都一样。相加得到的数字被称为“魔法常数”。图10-1是一个魔法常数为15的例子。

2	7	6
9	5	1
4	3	8

3阶，魔法常数15

图10-1

魔法方格的历史很悠久。在公元前3000年的中国出现了最早的关于魔法方格的消息。从那时起，印度人、埃及人、阿拉伯人和希腊人也开始研究魔法方格。大约在14世纪，马可·波罗第一次在其著作中解释了魔法方格的构成，它才被正式引入西方。之后，斯蒂费尔、费马、帕斯卡、莱布尼茨和欧拉等卓越的数学家也开始研究魔法方格，虽然它并没有什么实际的用处。

图10-2显示了3个魔法方格，分别是4阶、5阶和6阶。显然，如果我们将一个魔法方格中的所有数字都加上同样数值，得到的还是一个魔法方格，只是魔法常数发生了变化。

4	14	15	1
9	7	6	12
5	11	10	8
16	2	3	13

4阶，魔法常数34

11	24	7	20	3
4	12	25	8	16
17	5	13	21	9
10	18	1	14	22
23	6	19	2	15

5阶，魔法常数65

6	32	3	34	35	1
7	11	27	28	8	30
19	14	16	25	23	24
18	20	22	21	17	13
25	29	10	9	26	12
36	5	33	4	2	31

6阶，魔法常数111

图10-2

另外，如果我们将方格中所有的数字乘以一个有效数字，得到的还是魔法方格。

1693年，西蒙·德拉·卢贝尔发表了作品《暹罗王国的新历史关系》，在这本书中出现了一种建立单阶魔法方格的方法（暹罗方法）。

由于其高度的神秘色彩，魔法方格被广泛研究并由此得到各种衍生品：建立4倍阶数和比4倍多2阶数魔法方格的技巧、魔鬼方格、超神奇方格、欧拉魔法方格、魔法星星、魔法六边形……

最后，我们看两个著名的魔法方格（图10–3）。其中一个出现在阿尔布雷希特·丢勒1514年的作品《忧郁症I》中，另一个出现在巴塞罗那圣家族大教堂的受难立面。出现在丢勒作品中的魔法方格的魔法常数是34，并且在方格最后一行的中间两个格子中显示的是作品的日期。出现在圣家族大教堂的魔法方格因为重复出现了数字10和14，所以并不是那么完美，但是它的魔法常数是33，刚好是基督去世时的年龄。

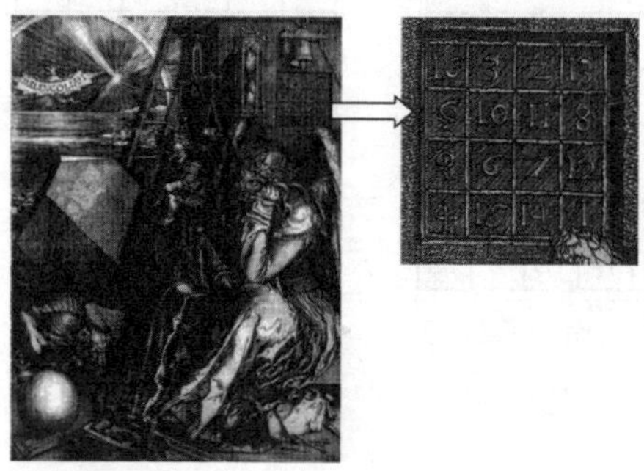

《忧郁症Ⅰ》中魔法方格的放大图

巴塞罗那圣家族大教堂上的魔法方格

图10-3

92 数学中的悖论和其他奇异事件

根据字典解释，“悖论”这个词不止有一种含义。我们从哲学、逻辑学和数学层面来定义悖论：同一命题或推理中包含着两个对立的结论，而这两个结论都能自圆其说。概括来讲，悖论是指由一个正确的假设或者句子推导出逻辑相反的论点或者推导出的结论与原意相违背。举个例子，“这个句子是错的”是一个悖论，因为如果它是对的，那句子原文就是错的，但是如果它是错的，那这句话应该是“这个句子是对的”。再举一个例子，是由伯特兰·罗素提出来的，一个村子唯一的理发师说他只给不自己刮脸的人刮脸。那么理发师是否给自己刮脸呢？这个问题请读者自己思考。

悖论的类型有很多种，这里我们重点看一些关于数学的悖论。下面是一些例子。

（1）证明：2 = 1。

为了完成这个论证，我们假设x和y是两个相等的数，即$x = y$，然后运用数学运算推导出2 = 1。下面是具体的证明步骤：

$x^2 = xy$（两边分别乘以x）

$x^2-y^2 = xy - y^2$（两边分别减去y^2）

$(x + y)(x - y) = y(x - y)$（左边应用平方差公式，右边提出$y$）

$x + y = y$（约分，等号两边各除以$x-y$）

$2y = y$（因为$x = y$，所以$x + y = 2y$）

$2 = 1$（约分，等号两边各除以y）

（2）15个字内不能表示的最小正整数。

我们用15个以内的字可以写出很多东西：法国首都、哈姆雷特、两百万、四千三百五十，等等。但是，因为字数是有限的，所以很明显用15个字写出的整数也是有限的。假设N是最大的正整数，它并不能用15个以内的字写出来。我们分析下面这个句子："15个字内不能表示的最小正整数。"这句话有14个字。从这句话看，这个数无法用15个以内的字来表示，但是其实它已经用少于15个字表示出来了！

据说这个悖论也是罗素提出的，但是罗素将它归功于一个图书馆管理员培里。这个句子出现问题的根本原因在于自指，也就是说句子意思对句子本身进行了自我阐释。

最后，我们看一个几何学悖论（图10–4）：有三块拼图，交换上面两块拼图的位置，得到另一幅图。组成两幅图的三块拼图都一样，但是你分别数一数图中小孩子的数量，你会大吃一惊。你知道是怎么回事吗？

图10-4

93 像“好声音”音乐比赛一样正确选择

不久前一个叫“好声音”的音乐比赛深受大众欢迎。简单来讲，在比赛中，四名导师（著名歌手）看不见参赛选手，只能通过声音挑选自己的队员（为了不受外貌的影响）。

我们对比赛的规则稍加改变。假设一共有10个参赛选手，我们需要选出其中最好的一个。而你是其中一位导师，在每位选手表演后由你决定他们是留下还是永远离开，并且在决定前不能听到其他未表演者的声音。

那么，数学是否能帮助你知道什么时候应该留下一个选手，或者告诉我们要继续等到什么时候？

如果你留下第一个，很可能他不是10个中最好的一个。但是如果你太严苛，可能到第10个的时候也没有选择任何人，这时我们不得不留下最后这一个（那些选择伴侣非常挑剔的人也会出现类似的情况）。和往常一样，数学是我们的救星。

很显然，如果你随意选择其中一个，那么选中最好的一个的概率是1/10，换言之，也就是有10%的机会能选中最好的那个。如果我们一直等待而选择最后一个，概率也一样。因此，你要想办法提高选中最好的一个的概率。

当我们去听候选人的声音时，在听过的候选人中我们能知道哪个是最好的，虽然这个人已经被我们放弃了。在这种情况下，数学给我们提供的最好策略是放弃N个选手，然后挑选出比N个选手更好的第一个人。现在我们只需要确定N是几，也就是说，我们应该在放弃多少人后再选择比之前所有选手更好的人。答案是，在选择最佳候选人之前，我们应该排除37%的选手。也就是说，我们应该放弃4个候选人，然后选择第一个出现的比前4个选手都好的人。

最后，我想说其实这个问题很出名，它有自己的名字，通常被叫做“秘书挑选问题”或者“择偶问题”。据说这个问题是1960年由马丁·加德纳在杂志《科学美国人》上首次提出。

我还想补充一点，不过这点有些超出这本书的范围。在开始选择选手前放弃的候选人的精确数量是 $\frac{1}{e}\cdot 100\%$，结果大约是16.79%。

94 一定能赢：有必胜策略的游戏

游戏分为各种类型：物理类、棋和骨牌类、单人的、双人的、组队的……有这样一种游戏，两个玩家中的一个注定会赢（掌握这个游戏规则的人会赢，而另一个没有掌握规则的就会输）。这类游戏被称为“有必胜策略的游戏”，下面是一些例子。

硬币圈。如图10–5所示，用12个硬币围成一个圆圈。当硬币摆好后，两个玩家可以依次拿走一个或者两个硬币，当拿走两个的时候必须是挨着的两个（这两个硬币中间不能隔着另外一个硬币或者隔着空地），拿到最后一个或最后两个硬币的人获胜。如果你能选，你会选择做先开始的人还是做第二个开始的人？实际上，最好是做第二个开始的人。我们来分析一下原因。当第一个玩家拿走一个或者两个硬币后，剩下的是由10个或者11个硬币围起来的弧形。如果第二个玩家拿走第一个玩家所拿硬币对面的一个或两个硬币（需要与第一个玩家第一次拿走的硬币数相同），将留下两个形同的弧形。之后，第二个玩家就可以照搬第一个玩家的拿法，也就是说，第一个玩家拿几个硬币，第二个玩家也拿走同样的个数。这样，获胜的永远是第二个玩家。根据对称原理，数学会再一次帮你获胜。

棋盘中的车。这个游戏在国际象棋的棋盘中进行。棋盘左上角有一个车，右下角是终点（图10–6）。两个玩家需要依次将棋子向右或向下移动一步（不能向上或向左），并且不能原地不动，将棋子走到终点的玩家获胜。你想先开始还是第二个开始移动棋子？像前一个例子一样，这个游戏对于第二个玩家来讲有必胜的策略。第二个玩家只需要每次将棋子走到对角线上，就能将方格中的起点和终点连起来。因此，第二个玩家在游戏中一定能赢。你可以试着玩几局，就会相信事实就是这样。

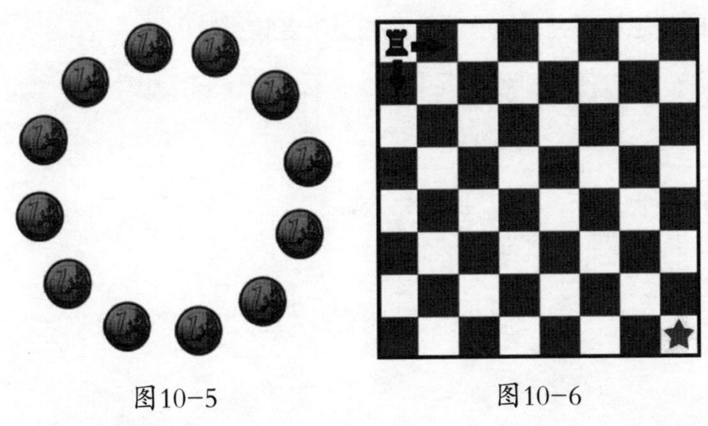

图10–5　　图10–6

50个硬币。这个游戏的规则是在桌子上放50个硬币，两个玩家轮流从桌子上拿走1、2、3、4、5或者6个硬币，拿走桌面上最后一个硬币的人算输，获胜者将赢得全部硬币。你知道怎么玩才能一直获胜吗？最好是先开始还是第二个开始玩？答案还是最好第二个开始。为了获胜，第二个玩家需要保证每一轮中两个人拿走的硬币数量之和为7个。也就是说：如果第一个玩家拿走1个，第二个玩家应该拿走6个；如果第一个玩家拿走2个，第二个玩家应该拿走5个；依次类推。这样一来，几轮后两人手中的硬币总数是7的倍数，第7轮后，桌子上就只有1个硬币，所以总是第一个玩家拿走最后一个硬币。

总而言之，正如你所见，虽然有些游戏看起来简单又公平，实际上暗藏着必胜策略，总能让其中一个玩家一直赢过另一个不知情的玩家。还需要说明的是，对数学案例与情境的反思和研究，能够帮助我们免于受骗。

95 历史上最有用的方程

方程是两边用代数表示的等式。任何类型的方程都是值得讨论的，因此，如果有人觉得下列方程有漏掉或者多余的，我先致以歉意。我列出的方程如下。

（1）麦克斯韦方程组，它由四个完整描述电磁现象的方程组成。

高斯定律：$\vec{\nabla} \cdot \vec{E} = \frac{\rho}{\varepsilon_0}$

高斯磁定律：$\vec{\nabla} \cdot \vec{B} = 0$

法拉第电磁感应定律：$\vec{\nabla} \times \vec{E} = -\frac{\partial \vec{B}}{\partial t}$

麦克斯韦—安培定律：$\vec{\nabla} \times \vec{B} = \mu_0 \vec{J} + \mu_0 \varepsilon_0 \frac{\partial \vec{E}}{\partial t}$

这些方程用于描述电场、磁场与电荷密度、电流密度之间的关系。从这些方程的相关理论，发展出现代的电力科技与电子科技。

（2）爱因斯坦物质能量守恒公式：$E = mc^2$

为了解释物体高速飞行的行为，爱因斯坦引入了时间膨胀的概念。

（3）毕达哥拉斯定理。如果一个三角形是直角三角形，a是三角形的斜边，b和c是直角边，那么有$a^2 = b^2 + c^2$。这是三角学、地图创造和航海等的基础。

（4）牛顿万有引力定律。两个物体的质量分别为m_1和m_2，它们之间的作用力是$F = G\frac{m_1 m_2}{r^2}$，F表示两物体之间的引力，G是万有引力常量，r表示两个物体之间的距离。这个定律是发现冥王星存在的基础，也用于将卫星放入轨道等。

（5）欧拉公式：$e^{i\pi} + 1 = 0$

（6）圆周长和面积公式：$L = 2\pi r$；$S = \pi r^2$

（7）解二次方程的公式：$x = \frac{-b \pm \sqrt{b^2 - 4ac}}{2a}$

（8）纳皮尔法则（发现对数）：$e^{\ln N} = N$

（9）傅里叶级数：$f(t) = \sum_{n=-\infty}^{\infty} c_n e^{i \cdot n \cdot t}$

傅里叶级数是个基本的数学工具，通过正弦波的组合来分析复杂的电波扰动。它被应用于jpg格式的图片压缩，也是电信和信号分析等的基础。

（10）欧拉多面体公式：$C + V = A + 2$

这个公式向我们表明，一个多面体的面（C）、顶点（V）和棱（A）不是独立的，它们之间存在简单的关系。它虽然并不被直接应用，但是有利于帮助人们理解酶在细胞中对DNA的作用，以及为什么人体机能在太空中会混乱。

最后，我们要补充一点，尼加拉瓜在20世纪70年代发行过10张邮票（可上网查看），邮票上面印有人们认为最重要的数学公式（其中有一些我们已列出）。

96 论证，数学的基础

大家应该知道，在数学上不承认任何未经证明的结论。换而言之，要使一种说法有效，就应该依据一套特定的概念或设想（已证实的概念或结论）得出一套逻辑推理。总之，我们可以说数学论证是在已证实的概念或设想的基础上，一步步进行逻辑推理，直到证明所提出的论点的正确性。这些已经被证实的概念或设想被称为“公理”（被公认明显正确、无需证明的结论）或者“定理”（已被证明过的结论）。

论证分为各种类型，有对比法（如果我们要证明p包含q，有时候证明没有p就不会有q更容易）、归谬法（首先假设我们所要证明论点的对立观点是正确的，然后通过一系列逻辑推理得出与开始提出的对立观点相悖的结论，或者证明这个对立观点是荒谬的）和归纳法（证明结论对一种情形是正确的，而在这种情形正确的情况下，后面的情形也是正确的。因此，它适用于第一个情形后的所有情况）。

下面，我们看两个非常著名的归谬法的例子。

（1）素数有无限个。这个结论有很多论证方法，本节中我们要讲的是欧几里得的论证方法，这可能是最早的论证方法。欧几里得用的是归谬法。假设存在有限的素数$\{p_1, p_2, \cdots, p_n\}$，然后我们设一个数字$n = p_1 \cdot p_2 \cdot \cdots \cdot p_n + 1$。这个数字肯定大于所有的素数，且根据我们开始的假设，这个数不可能是素数，那么其中一个数p_i应该是它的除数。所以，素数p_i能将n和$p_1 \cdot p_2 \cdot \cdots \cdot p_n$除开。但是这是不可能的，因为$n - p_1 \cdot p_2 \cdot \cdots \cdot p_n = 1$。这与素数是有限的假设相矛盾。因此，素数的数量是无限的。

（2）$\sqrt{2}$是一个无理数。毕达哥拉斯学派对无理数的发现使他们有点不知所措。因为在他们的概念中，整个宇宙都可以通过整数解释，但是无理数并不能用整数表示，有关无理数的发现摧毁了他们以往的成果，所以一开始他们想隐藏无理数的存在。为了证明 $\sqrt{2}$ 是无理数，我们同样使用归谬法。首先假设 $\sqrt{2}$ 是一个有理数，它可以用不可约分的分数表示：

$$\sqrt{2}=\frac{p}{q} \Rightarrow 2=\frac{p^2}{q^2} \Rightarrow 2q^2=p^2$$

由此可以得到p^2必须是2的倍数，如果p^2是2的倍数，那么p也是2的倍数。因此，存在一个固定的数k满足$p = 2k$。在等式的基础上我们能得到：

$$2q^2=p^2 \Rightarrow 2q^2=(2k)^2 \Rightarrow 2q^2=4k^2 \Rightarrow q^2=2k$$

由此我们可以得到q^2也是2的倍数，所以q也一样。但是这时我们就发现了矛盾，因为前提假设中 $\frac{p}{q}$ 是不可约分的分数，而我们得出了它们可以约分2。这刚好跟我们已经提出的假设“$\sqrt{2}$ 是有理数”相悖。证明完毕。

最后，如果你想问在数学领域是否所有结论都得到了论证，答案是否定的。有很多假定正确的结论还没有任何人能够证明，这种结论被称为“猜想”。

事实上，数学家们的要求是苛刻的，即使已经有成千上万的人证明了一个结论的正确性，但是只有看到全面的论证时，他们才会接受这个结论。

97 兰福德问题

兰福德问题出现在20世纪50年代。达德利·兰福德看见儿子在玩几块彩色积木，要求是在两块红色积木中间只有一种颜色的积木，在两块蓝色中间有两种，在两块黄色中间有三种。他感到很困惑。他的儿子将积木按照表10–1所示的方式摆放（数字1、2、3分别代表红色、蓝色、黄色），完美地解决了这个问题。

表10–1

黄色	红色	蓝色	红色	黄色	蓝色
3	1	2	1	3	2

他马上想到将颜色换成数字以便研究出一种普遍化的解决方案。他首先发现，对于三对积木（数字）的情况，他儿子的方案是唯一的。

接下来他就想，如果有四对数字会怎么样呢？换言之，如果用数字1，1，2，2，3，3，4，4能够同样排列吗？如果可能，这个问题有多少种解呢？

答案是在这种情况下也只有唯一一种解：4，1，3，1，2，4，3，2。

更有趣的是，如果有五对或者六对，这个问题没有解。

总而言之，只有在数字的对数除以4的余数是0或者3的情况下，这个问题才有解。4除以4余数是0，所以有解。当对数是5或者6时，余数分别是1和2，所以这两种情况下没有解。再举个例子，有20对数字，仍然有解，因为20除以4刚好整除（又是一种有解的情况）。

另外，七对的情况下也有解（因为7除以4余数是3，所以有解）。图10–7展示了其中的一种解法。

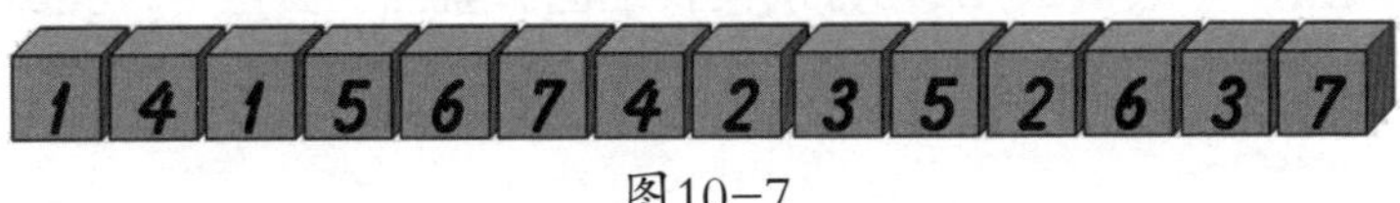

图10–7

最后，从表10–2可以看出，这个问题的解法数取决于我们要摆放的数量。

表10–2

积木的对数	1	2	3	4	5	6	7	8
解法数	0	0	1	1	0	0	26	150
积木的对数	9	10	11	12	13	14	15	16
解法数	0	0	17 792	108 144	0	0	39 809 640	326 721 800

98 悬赏百万美元的问题

2000年5月24日，在巴黎法兰西学院举行的一次会议上，马萨诸塞州剑桥克雷数学研究所（CMI）设立了一个100万美元的奖，解决他们选定的七个问题之一的人就能获得奖励。

这七个问题是CMI的创始科学咨询委员会与世界各地主要专家会晤后提出的，被称为“世界七大数学难题”。

实际上，七个问题之一的黎曼猜想是在1859年提出的，是大卫·希尔伯特在1900年提出的20世纪亟待解决的23个问题之一。

下面我们列出了这七个问题。很显然，对于它们的阐述和解释严重超出这本书的范围。你可以通过网络去了解更多信息。

（1）NP完全问题。P（确定性多项式算法）问题是在“合理的时间”能解决的问题；NP（非确定性多项式算法）问题是在问题正确的情况下，在“合理的时间”内能得到验证的问题。显然P问题就是NP问题，因为如果一个问题能在合理的时间内解决，那么验证结论不会比解决问题的时间更长。1971年提出的这个猜想是如果存在某个NP问题，这个问题不是P。

（2）霍奇猜想。这个猜想指的是在非奇异复射影代数簇上，任一霍奇闭链是代数闭链的有理线性组合，也就是解析闭子簇。好像有点复杂……

（3）庞加莱猜想。任何一个单连通的、封闭的三维流形一定同胚于一个三维的球面。

但是，如果你想通过证明这个猜想得到100万美元，为时已晚。2010年3月18日，克雷数学研究所公布，来自俄罗斯圣彼得堡的数学家格里戈里·佩雷尔曼已经证明了此猜想，并获得100万美元的奖金。说到这里我们不得不提一下，佩雷尔曼既没有接受这100万美元的奖励，也没有领取数学界的“诺贝尔奖”——菲尔兹奖。他认为证明了这个重要的猜想这件事本身就已经是最好的奖励了。另外，据说他和他母亲的生活依旧非常贫困。有人觉得他是一个古怪的数学家，但是我只觉得他令人敬佩。

（4）黎曼假设。黎曼假设断言黎曼 ζ 函数的所有非平凡零点都位于1/2临界线上。

（5）贝赫和斯维纳通–戴尔猜想。它描述了阿贝尔簇的算术性质与解析性质之间的联系。

（6）纳卫尔–斯托可方程。纳卫尔–斯托可方程模拟了不可压缩流体的运动。在这种情况下，证明了流体作用于任意给定区域的力都能用微分方程表示。

（7）杨–米尔斯存在性和质量缺口。这是一个物理问题，指的是要找到一个数学模型满足量子场理论公理，这个理论是杨–米尔斯理论。

关于这些猜想的阐释很复杂，显然，如果它们很容易理解和解决的话，CMI也就不会悬赏100万美元给解题者了。

所以现在你知道了，如果想变得既有钱又出名，只需要解答这七个问题之一就足够了。加油！

99 继续思考：等待天才解决的问题

除了悬赏100万美元的问题外，还有很多数学问题等待有智慧的人解决，下面是一些例子。

（1）哥德巴赫猜想。1742年，数学家克里斯蒂安·哥德巴赫（1690—1764）提出一个猜想：任一大于2的偶数都可写成两个质数之和。从那时起这个猜想就以他的名字命名。

这种说法的例子包括：4 = 2 + 2；10 = 3 + 7；14 = 3 + 11……

现在已经证明小于4×10^{18}的所有数满足这个猜想，但是，正如我们已经解释过的那样，对于数学家来说这远远不够。谁能保证其他更大的数可以用两个质数之和表示呢？

《佩德罗与哥德巴赫猜想》这本书的写作便是受了这个猜想的启发。如果你喜欢数学，这本书非常值得一看。

（2）孪生素数猜想。孪生素数指的是一对素数中间只隔一个整数。比如，11和13是孪生素数，因为这两个数字中间只隔了一个数字12。这个猜想断言有无限对孪生素数。和上一个猜想的情况一样，现在人们已经证明了数字$2\,003\,663\,613 \times 2^{195\,000}-1$和$2\,003\,663\,613 \times 2^{195\,000}+1$是一对孪生素数，但是谁能保证孪生素数不会到某对特定的数停止呢？

（3）冰雹猜想，又叫“$3n+1$”猜想。首先，我们做一个实验：随意选一个数字，如果这个数为偶数，将它除以2，如果数字为奇数，则乘以3后加1。得到的结果再重复上述步骤。为了更好地理解这个过程，我们看几组例子。第一个例子开始的数字是6，那么会得到这样一串数字：6，3，10，5，16，8，4，2，1。第二个例子开始的数字是11，那么会得到这样一串数字：11，34，17，52，26，13，40，20，10，5，16，8，4，2，1。你会发现，不管开始的数字是几，最后得到的数字总是1。另外，在某些情况下得到1所需步骤较少（比如开始的数字是4，只需要2步），在另一些情况下则需要很多步才能得到这个结果（比如开始的数字是27，需要112步）。但不变的是最终我们总能（到目前为止）得到数字1。跟其他猜想一样，这个猜想适用于小于某个很大的数字（在这个猜想中是2^{58}）的所有数。但是没有人能证明该猜想同样适用于任何一个大于这个数字的数。

（4）完全数。如果一个数除去它本身的因子之和恰好等于它本身，则这个数是完全数。比如，数字6是完全数，因为$D(6)=\{1，2，3，6\}$，且$1+2+3=6$。数字28也一样，D（28）＝{1，2，4，7,14，28}，且1 + 2 + 4 + 7 + 14 = 28。

关于完全数有两个猜想。第一个猜想是“完全数有无限个”，但是没有人能证明它的数量是无限的。第二个相关的猜想是“完全数不可能是奇数”。现在，人们已知不存在$10^{1\,500}$以下的完全数是奇数。但是谁能保证10的1 500次方后的数没有奇数的完全数呢？

其他尚未解决的问题还有：梅森素数有无穷个的存在性、谢尔宾斯基问题、abc猜想、伽罗瓦理论……

另外，最近已经被证明的有：四色定理（详见“绘制一幅地图需要多少种颜色？四色定理”一节）、庞加莱猜想、卡塔兰猜想、开普勒猜想、费马最后的定理……

最后，我希望不久的将来本节的标题可以改为“从猜想到定理”。

100 数学扩展：本书内容已经完结，但是你们可以继续探索

就像标题所说，本书内容已经全部完结，不知道你是庆幸还是遗憾。通过99个数学问题，我们能看到数学的广泛应用和有趣之处，现在该说再见了。像前言中所说，能写这样一本书，我感到十分荣幸。哪怕我所写的内容有3.141592…%能够使你感到受用，也已经值得了。

如果这本书没有引起你的兴趣或者让你感觉无聊，我在这里向你表示真挚的歉意，这并不是我的初衷。

如果我使你对数学产生了一点点兴趣，并且你愿意更深入了解这门充满激情的学科，你可能会对下面这个书单感兴趣。这些书籍更大众并且没有那么强的专业性。希望你能从中找到一本适合你的书。

阿德里安潘萨的《数学，你在这儿吗？》全集。你可以在网上找到这本书。

《数学的语言》。作者是齐斯·德福林。这本书通过清晰易懂的叙述，对最重要的数学点进行讲述。

《亚历克斯在数学王国》，又名《数学王国的美妙旅程》。作者是亚历克斯·贝罗斯。作者以有趣的方式阐述了主要的数学概念。

《生活中的数学》。作者是费尔南多·科尔巴朗。科尔巴朗教授是西班牙数学科普书籍中的一个代表人物。如果你想更近距离地了解数学，这本书是不二之选。

《数学之书》，又名《数学发展中的250个里程碑》。作者是克利弗德·皮寇弗。这本书的每一页都讲述了一个重要的数学里程碑，按照时间顺序排列，共250个。这本书最独特的地方在于每个话题都有精美的彩色照片做配图，照片单独占完整的一页。如果你对摄影也有兴趣，千万不要错过这本书。

《一万年以来数学的故事》。作者是伊恩·斯图尔特。伊恩·斯图尔特是一个为数学知识传播做贡献的代表人物。和上一本书一样，这本书里也有很多配图，虽然图片是黑白的，但也增加了不少吸引力。

最后，我想推荐两位作家。第一个是伊恩·斯图尔特（出生于1945年，英国数学家），他的所有书籍都很有趣，内容全面，值得一读。

第二个人我很熟悉，所以不能完全客观评价（他是我在数学生涯中最喜欢的学科“数学教学法”的老师），他的名字是克劳迪亚·阿尔西那。他的每部作品都很特别、有趣、充满智慧并且实用。我强烈推荐你了解他的作品，千万不要错过！

我再次强调一下，在我的博客上你能找到大量参阅资料，一定会对你有用。

最后要说再见了，在此致以我的感谢，祝你一切顺利，数学万岁！